现代水声技术与应用丛书
杨德森 主编

水声信道估计

童　峰　伍飞云　周跃海　著

科学出版社
龙门书局
北京

内 容 简 介

随着海洋开发、海底工程、海洋环境监测、水下机器人、国防安全等领域海洋信息获取与传输的需求迅速增加，水声通信技术日益得到各国的重视，水声信道的恶劣传输特性是制约水声通信系统性能的主要因素。通过水声信道估计获取信道特性，从而实现通信系统优化、改善水声通信性能，是解决这一难题的有效途径。本书基于作者团队多年研究成果，系统介绍了水声信道估计技术，包括采用自适应滤波、压缩感知、进化计算等技术提高水声信道估计性能，并给出了不同水域的实验结果。

本书可帮助水声通信、水声信号处理、海洋声学领域相关研究人员、高校教师、研究生及高年级本科生了解水声信道估计技术的最新进展，并提供技术路线上的参考和思路上的拓展。

图书在版编目（CIP）数据

水声信道估计 / 童峰，伍飞云，周跃海著. —北京：龙门书局，2022.1
（现代水声技术与应用丛书/杨德森主编）

国家出版基金项目

ISBN 978-7-5088-6188-3

Ⅰ. ①水… Ⅱ. ①童… ②伍… ③周… Ⅲ. ①水声通信－通信信道－研究 Ⅳ. ①TN929.3

中国版本图书馆 CIP 数据核字（2021）第 272460 号

责任编辑：王喜军 高慧元 张 震 / 责任校对：樊雅琼
责任印制：师艳茹 / 封面设计：无极书装

科 学 出 版 社 出版
龙 门 书 局
北京东黄城根北街 16 号
邮政编码：100717
http://www.sciencep.com

北京中科印刷有限公司 印刷
科学出版社发行 各地新华书店经销

*

2022 年 1 月第 一 版 开本：720×1000 1/16
2022 年 1 月第一次印刷 印张：12 1/2 插页：2
字数：252 000

定价：108.00 元
（如有印装质量问题，我社负责调换）

丛 书 序

海洋面积约占地球表面积的三分之二，但人类已探索的海洋面积仅占海洋总面积的百分之五左右。由于缺乏水下获取信息的手段，海洋深处对我们来说几乎是黑暗、深邃和未知的。

新时代实施海洋强国战略、提高海洋资源开发能力、保护海洋生态环境、发展海洋科学技术、维护国家海洋权益，都离不开水声科学技术。同时，我国海岸线漫长，沿海大型城市和军事要地众多，这都对水声科学技术及其应用的快速发展提出了更高要求。

海洋强国，必兴水声。声波是迄今水下远程无线传递信息唯一有效的载体。水声技术利用声波实现水下探测、通信、定位等功能，相当于水下装备的眼睛、耳朵、嘴巴，是海洋资源勘探开发、海军舰船探测定位、水下兵器跟踪导引的必备技术，是关心海洋、认知海洋、经略海洋无可替代的手段，在各国海洋经济、军事发展中占有战略地位。

从 1953 年冬中国人民解放军军事工程学院（即"哈军工"）创建全国首个声呐专业开始，经过数十年的发展，我国已建成了由一大批高校、科研院所和企业构成的水声教学、科研和生产体系。然而，我国的水声基础研究、技术研发、水声装备等与海洋科技发达的国家相比还存在较大差距，需要国家持续投入更多的资源，需要更多的有志青年投入水声事业当中，实现水声技术从跟跑到并跑再到领跑，不断为海洋强国发展注入新动力。

水声之兴，关键在人。水声科学技术是融合了多学科的声机电信息一体化的高科技领域。目前，我国水声专业人才只有万余人，现有人员规模和培养规模远不能满足行业需求，水声专业人才严重短缺。

人才培养，著书为纲。书是人类进步的阶梯。推进水声领域高层次人才培养从而支撑学科的高质量发展是本丛书编撰的目的之一。本丛书由哈尔滨工程大学水声工程学院发起，与国内相关水声技术优势单位合作，汇聚教学科研方面的精英力量，共同撰写。丛书内容全面、叙述精准、深入浅出、图文并茂，基本涵盖了现代水声科学技术与应用的知识框架、技术体系、最新科研成果及未来发展方向，包括矢量声学、水声信号处理、目标识别、侦查、探测、通信、水下对抗、传感器及声系统、计量与测试技术、海洋水声环境、海洋噪声和混响、海洋生物声学、极地声学等。本丛书的出版可谓应运而生、恰逢其时，相信会对推动我国水声事业的发展发挥重要作用，为海洋强国战略的实施做出新的贡献。

在此，向 60 多年来为我国水声事业奋斗、耕耘的教育科研工作者表示深深的敬意！向参与本丛书编撰、出版的组织者和作者表示由衷的感谢！

中国工程院院士　杨德森

2018 年 11 月

自　序

　　声波被普遍认为是目前唯一能够在海洋中进行远距离信息传输的载体，声波在水声信道中的传输特性直接影响海洋领域各类民用开发及军事活动中水声信息传输的有效性和系统性能。与无线信道相比，水声信道是具有更为复杂的多径、时变、空变、频变等特点的传输介质，它独特的内部结构和界面（海面、海底）对声波产生传播损失、多普勒频移、噪声、多途效应及随机时变、空变等效应，导致信号畸变和信息损失，严重影响信号的检测，是提高水声通信系统及各类声呐探测系统性能的最大障碍。

　　由于海洋信道中复杂的多径扩展和时变性对声传播带来的严重影响，对水声信道特性的研究是分析和设计水声通信、声呐系统的基础。在水声信道声传播特性的研究中，通过信道估计获取信道主要特征参数对调整信号接收及处理方式、实现信道匹配来消除多径对信号检测影响甚至利用多径能量，提高系统工作性能具有重要意义。

　　近年来飞速发展的无线通信和移动通信领域涌现了大量应用于无线信道的估计算法，然而水声信道是一个非常复杂的时变、空变、频变信道，其具有的传播损失大、多途效应、频散效应严重等特点，使得很多信道辨识理论、算法在进行水声信道估计时显得捉襟见肘。水声信道估计技术虽然得到了较为广泛的研究，并在多径稀疏特性利用和时变模型等方面取得了一定程度的进展，但在模型适配性、估计算法时效性等方面仍有待进一步摸索，稳健、高效的水声信道估计仍是水声领域极具挑战性的研究热点。

　　本书围绕水声信道估计这一热点问题展开，首先在第 1 章绪论部分对水声信道估计的需求、主要难点、研究方法和进展进行总体介绍，并在第 2 章简要介绍衰减、声速变化、多径、多普勒频移等海洋水声信道的主要特点。

　　在可获知海区较为准确的水文条件、海底结构等环境参数的前提下，确定性水声信道估计方法通过计算海洋声学可对声传播进行较为准确的物理建模。但由于需要已知环境参数，其使用受到较大限制。数据辅助信道估计算法通过训练序列按照一定的准则获取对信道模型参数的估计，其数学原理比较成熟，实用性也较强，但要求模型与实际信道有较好的匹配、对于时变信道要求模型的优化算法可满足估计参数动态变化的时效性。例如，多径时延扩展长意味着信道辨识器往往需要采用巨大数目抽头的滤波器，由此造成的巨大运算开销以及在大量零值抽头上迭代产生的噪声积累效应都将严重影响辨识算法的性能及实时性。时间稳定性差的水声信道则对辨识算法的收敛速度、稳定性及跟踪特性提出了更高的要求。第 3 章介绍引入稀疏约束提高水声信道自适应估计性能的研究。

海洋水声信道中多径传输造成的信道响应中大量零值抽头为利用稀疏特性提高信道估计性能带来了可能，也是当前国内外学者的研究热点，在这一思路下研究人员提出了多种稀疏信道估计方法。第 3、4 章对此进行着重介绍，例如，信道的多径参数模型方法直接对大值抽头时延及幅度组成参数模型进行某一准则下（如修正最小二乘）的寻优，将稀疏信道的估计问题转化为大值抽头时延及幅度的小空间优化问题，从而显著减少辨识维数。

在压缩感知理论的框架下，信道估计可以转化为以发射信号为基向量搜索接收信号的稀疏恢复问题，从而可以采用匹配追踪、正交匹配追踪算法实现稀疏信道估计，并为进一步利用水声信道时域、空域存在的稀疏相关提供了可能性。第 5～8 章对其进行介绍。

多输入多输出（multiple-input multiple-output，MIMO）水声通信是通过多发多收实现高速率、高带宽效率的热点技术，而多频带水声通信则提供了单载波通信和正交多载波通信之间的一种折中技术手段，第 9、10 章分别介绍针对 MIMO 水声信道、多频带水声信道的稀疏估计方法。

传统的压缩感知稀疏恢复要求稀疏支撑集固定不变，而时变多径信道不符合这一假设，往往造成经典稀疏恢复算法性能急剧下降，第 11 章介绍动态压缩感知技术在时变水声信道估计中的应用。

近年来，时间反转（简称时反）技术作为一种实现方便、高效的信道匹配手段在水声通信信号处理中得到广泛重视，第 12～14 章分别介绍时反处理与扩频、正交多载波调制及多级频移键控水声通信体制的结合。

水声信道估计本质上可视为对信道参数模型的优化问题，传统自适应滤波算法对于线性模型优化具有良好的全局求解性能，但在优化空间急剧加大时算法性能明显下降；进化计算方法则提供了在复杂空间实现高效寻优的有效手段，但需采取措施避免局部最优。第 15 章介绍通过结合自适应滤波和进化计算设计混合优化算法，克服两种算法的不足，实现时变水声信道的混合估计。

全书通过上述各章节内容对水声信道估计理论、算法进行较为全面的介绍，同时均给出相应理论、算法的数值仿真，包括不同海域的海试实验结果，体现近年来在水声信道估计研究中从信道模型、优化算法到与具体水声通信体制结合的系统集成等方面的积极探索和取得的进展。作者希望通过本书的出版，对相关领域读者进行技术方案研究、系统设计和实现等工作提供有益的参考，以期通过高效信道估计获得水声信道特性并进行相应匹配处理，从而克服时变、多径干扰造成的性能下降，提高信号的检测信噪比，实现远距离、高速率、高可靠性水声信息传输。

　　本书反映了厦门大学水声通信与海洋信息技术教育部重点实验室科研团队近年来的部分研究成果，其中伍飞云、周跃海在研究中做出了重要贡献。伍飞云撰写了第6、7章内容，周跃海撰写了第10、12章内容，其他内容由童峰撰写。本书撰写过程中还参考了大量国内外文献，均在每章正文相应位置标注引用文献序号，并在每章参考文献中依次列出。

　　本书撰写过程中，作者得到了厦门大学水声通信与海洋信息技术教育部重点实验室副主任许肖梅教授、程恩教授的指导和大力支持；科研团队成员陈东升、陈友淦、张小康、陶毅、刘胜兴、吴建明、黄身钦等各位老师为本书的完成提供了大量的支持和帮助；研究助理吴燕艺以及博士研究生江伟华、郑思远、曹秀岭、李斌，硕士研究生李芳兰、王小阳、李剑汶参与了本书大量的编排和整理工作。在此，对以上领导、老师、同事、同学表示衷心的感谢！

　　限于作者水平，书中难免存在不足之处，敬请广大读者批评指正。

童　峰

2021年1月11日于厦门

目　　录

第 1 章   绪   论

约占地球表面积 71%的海洋是人类赖以生存和发展的重要领域,随着海洋资源开发、环境监测、生态保护、海洋工程及海洋权益维护等工作日益引起重视,海洋信息的获取与传输成为各类海洋民用及军事活动不可或缺的重要环节。但是,在浑浊、含盐的海水中电磁波衰减太大而无法远距传输,因而严重限制了无线电通信技术在水下的应用。相比之下,声波在海洋中传输的衰减较小,例如,选取 20kHz 的声波作为载波,其衰减只有 2~3dB/km[1]。因此,目前在能有效水下传播信息的物理介质中声波的利用价值最高,声波是迄今为止作为水下远距离无线通信几乎唯一的手段[1, 2]。

1.1   水声通信技术的发展

水声通信技术的发展经历了非相干和相干两个阶段。其中,非相干水声通信技术传统上被认为具有更好的信道稳健性但通信速率及带宽效率低;相干通信则利于实现高速率和高带宽效率,但其性能依赖于接收机跟踪信道状态信息的精确程度[3],即水声相干通信的发展对水声信道的建模和信道冲激响应函数的估计手段提出了更高的要求。围绕基于水声信道建模、估计的相关方法及其在不同体制水声通信技术中的应用,本节侧重围绕商用、科研水声通信设备概述国内外相关研究的发展。

水声调制解调器又称水声 MODEM(modulator-demodulator),是实现水下声通信的通用设备。由于水声信道特别复杂,克服环境噪声、强多径、多普勒效应的信道干扰,是保证通信可靠性的关键。在此基础上,在工程上还要考虑设备成本和应用场景等多方面的问题,目前水声 MODEM 大多数作为点对点或组网水下通信设备应用于海洋资源调查、海洋环境监测、水下平台定位导航、水下仪器遥测遥控、水下工程施工等领域。

表 1.1 和图 1.1 列出了几种当前较为典型的商业化水声 MODEM,这些信息源自公开发表的技术报告。需要指出,所引用的水声通信系统参数通常是海试的最佳效果。然而,由于各方面可获取的资源有限,不能穷尽水声通信领域所有的 MODEM。且水声 MODEM 的用户有限,其硬件和协议的标准化有待进一步发展。尽管不同厂家有各自的硬件和协议,融合不同厂家的设备在相同通信网络下工作

的进展和效果并不理想[4]。通过大量文献调查，图 1.2 展示了水声通信系统对于数据通信速率与传输距离的性能表现[5]，可以看出，水声通信的距离以及通信速率是不可调和的矛盾，用传输距离和速率的乘积可以量化评估水声通信系统所能达到的性能水平。一般而言，远距离且高速率的情况发生在深海信道，而浅海远距离水声通信通常只能达到低速率。

表 1.1　几种典型的商业化水声 MODEM[4]

产品名字	最大比特率/(bit/s)	传输距离/m	频带宽度/kHz
Teledyne Benthos ATM-916-MF1	15360	6000	16～21
WHOI Micromodem	5400	3000	22.5～27.5
Linkquest UWM 1000	7000	1200	27～45
Evologics S2C R 48/78	31200	2000	48～78
Sercal MATS 3G 34kHz	24600	5000	30～39
L3 Oceania GPM-300	1000	45000	不详
Tritech Micron Data Modem	40	500	20～28
FAU Hermes	87768	1800	262～375

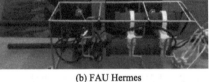

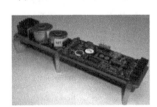

(a) Evologics S2C R 48/78　　　　　　(b) FAU Hermes

(g) Linkquest　　(f) Teledyne Benthos　　(e) Tritech Micron　　(d) WHOI Micromodem　　(c) Sercal MATS
UWM 1000　　ATM-916-MF1　　Data Modem　　　　　　　　　　　　3G 34kHz

图 1.1　当前商业化的水声 MODEM 举例[4]

国内多个研究机构也在水声通信技术研发上取得长足发展。哈尔滨工程大学在国内较早进行了非相干频移键控（frequency shift keying，FSK）技术及其自适应均衡的研究，并进行了正交频分复用（orthogonal frequency-division multiplexing，OFDM）水声通信技术的湖试和海试，实现了 7.2km 距离内 8.3kbit/s 的通信速率，在经过奇偶校验码信道编码后获得纠错后的误码率（或误比特率）为 10^{-5}[6]。

中国科学院声学研究所结合多进制相移键控（phase shift keying，PSK）调制和OFDM调制方式，研制出具有自适应多普勒补偿的中程高速水声通信MODEM，在 1km 距离获得了误码率小于 10^{-4} 的 5kbit/s 通信速率[6]。

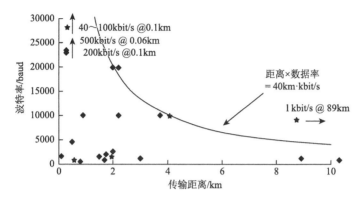

图 1.2　水声通信速率与传输距离关系图[5]

波特率与比特率关系：$S = B \log_2 N$，其中，S 为比特率（单位 bit/s），B 为波特率（单位 baud），N 为一个脉冲信号表示的有效状态数

2005 年，中国科学院声学研究所采用正交调幅（quadrature amplitude modulation，QAM）、多级频移键控（multi-frequency shift keying，MFSK）、差分相移键控（differential phase-shift keying，DPSK）等多种调制方式设计的频分复用（frequency division multiplexing，FDM）系统在南海以 20kbit/s 的速率实现了 6.6km 的通信；2012 年，中国科学院声学研究所研制的"蛟龙号"载人潜水器水声通信系统成功支持了 7000m 水深与太空的"天宫一号"的海天对话；2020 年 11 月，"奋斗者号"载人潜水器创造了 10909m 的中国载人深潜新纪录，中国科学院声学研究所研制的水声通信系统实现了万米海底的"奋斗者号"与母船"探索一号"之间的文字、语音及图像的实时传输。

近年来，中国船舶集团有限公司第七一五研究所研制了多种类型水声通信机，包括非相干 MFSK、跳频扩频、直接序列扩频、相干 OFDM 通信等主要技术体制，覆盖了多个频段。

西北工业大学设计的 OFDM 水声通信系统采用 10kHz 的带宽以 10kbit/s 的通信速率实现了误码率为 5% 的 1km 距离的通信，而在 5km 的距离则实现了 9kbit/s 通信速率，在 15km 的距离实现了误码率为 10^{-4} 的 1kbit/s 通信速率通信[3]。

浙江大学开展了基于时反处理的水声通信研究[7, 8]，利用时反处理的聚焦特性应对水声信道的时延扩展以消除码间干扰，该系统在 2011 年千岛湖湖试和 2012 年厦门的海试中均实现了通信速率为 4kbit/s 的 5km 距离的通信。

厦门大学在浅海信道特性研究、水声多媒体通信、跳频通信等方面进行了长期研究，成功研制了具有自主知识产权的数字式水下语音通信样机、图像传输样机和 E-mail 传输系统[9, 10]，其语音通信距离可达 10km；厦门大学 2012 年在数字信号处理（digital signal processing，DSP）平台上设计了基于直接序列扩频（direct sequence spread spectrum，DSSS）和 OFDM 的双模浅海水声通信系统，短距离通信时采用 OFDM 调制[11]，低速率通信采用 DSSS 调制，2017 年，厦门大学研制的水声通信信标实现国产海底管道内检测器数据的浅海实时传输，并批量交付应用单位。

1.2　水声信道的双重选择性衰落

水声通信中接收信号的特性可以由衰落过程时域、频域、空域特性进行表征，这些特性分别对应着时延扩展、多普勒扩展和角度扩展。根据信号参数（带宽、码元宽度、码元间隔等）和信道参数（相干带宽、相干时间等）之间的关系，不同发射信号产生不同类型的衰落，具体包括时间、频率、空间选择性衰落，简称扩展。具体来讲，有如下关系[12]。

频域特性：多普勒扩展，用相干时间描述，对应时间选择性衰落。

时域特性：时延扩展，用相干带宽描述，对应频率选择性衰落。

空域特性：角度扩展，用相干距离描述，对应空间选择性衰落。

通常认为，由发射机与接收机之间的相对运动引起的接收信号频率偏移是产生多普勒频移的主要原因，此外，导致多普勒频移产生的因素还包括水介质的运动，如海面风浪和海中湍流，其中风浪随着风级增加而增大，是海洋环境影响多普勒频移的主要因素。采用相干时间来定量描述多普勒扩展，其定义为两个时刻信道冲激响应处于强相关条件下的最大时间间隔 $T_{coh} = 1/f_m$，其中，f_m 为最大多普勒频移。相干时间是信道随着时间变化快慢的一个测度，相干时间越大，信道变化越慢，反之越快。从衰落的角度看，多普勒扩展引起的衰落与时间有关，因此也称为时间选择性衰落。根据衰落快慢过程，时间选择性衰弱可以分为快衰落和慢衰落。如果信号带宽比多普勒扩展大很多，时间选择性衰落可以忽略不计，此时是慢衰落；否则是快衰落，这时应该考虑多普勒扩展的影响。若信号的采样时间间隔小于相干时间，则信号的相关性很好，信道的衰落特性平坦；反之信道呈现时间选择性衰落。

在水声通信中，由多个路径传输信号的时间不同造成接收信号时域波形有拖尾的现象，称为时延扩展。通常，接收信号为各个路径到达信号之和。采用相干带宽可对时延扩展引起的频率选择性衰落进行定量描述，其定义为两个频率处信道的频率响应保持强相关条件下的最大频率差。相干带宽与信号带宽之比越小，信道频率选择性越强，反之越弱。若信道的相干带宽很大，大于发射信号带宽，则在该频带内几乎有相同的增益和线性相位响应，接收信号的频率选择性衰落为平坦衰落。此时信道的多径效应没有造成发射信号的谱特性在接收端发生变化，但由于增益扰动而导致强度有时变性，平坦衰落信道又称为幅度变化信道或窄带信道。衰落类型与信号参数（码元宽度、带宽）、信道参数（时延、多普勒频移、相干时间、相干带宽）的关系如图 1.3 所示。

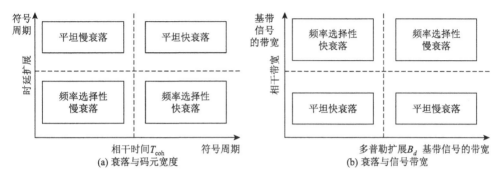

图 1.3　信号衰落与信道参数关系[12]

　　声波在水声信道传播中，能量主要集中在扩展角度范围内，在此角度内接收信号则信号强度大，否则强度小，也就是由角度扩展引起空间选择性衰落。通常采用信道的相干距离来定量描述角度扩展，相干距离定义为两个阵元上信道响应保持强相关的最大空间距离。相干距离越大，角度扩展越小，接收信号能量越集中，不同空间位置角度扩展也不同。在不同接收点接收同一声源产生的声场，只要两接收点距离足够远，衰落几乎是独立的。

1.3　水声信道的稀疏特性及其利用

　　水声通信中，当发送信号通过信道传输时，多径效应将导致接收端信号发生严重变形，信号经过水面和水底的多次反射、散射之后，导致覆盖成百上千符号范围的时延扩展，造成严重的码间干扰（inter-symbol interference，ISI）；同时，这些不同时延到达的路径，最终组成稀疏多径结构。由于海面的不平整性，水面散射过程包含了多普勒扩展以及信号的传播时延。通过研究发现[13]，直达路径和经过海底反射的路径相对比较稳定，而经水面反射的路径因受到水面的干扰变化比较大。多径效应对接收信号的影响在时域上表现为码间干扰，在频域上则体现为频率选择性衰落。尤其是对于中等距离水声信道，多径时延扩展甚至达到了 10ms 的量级。也就是说，当通信速率为 10kbit/s 时，将会产生数十个乃至百个符号长度的码间干扰，这无疑给水声通信质量的提高带来很大困难。

多径到达的本征声线在时延上因信道的能量主要聚集在几个分离的区域，而水声信道的时延轴多数时间点的能量很少，导致水声信道具有稀疏特性。一个典型的稀疏水声信道结构如图 1.4 所示。文献[14]指出，水声信道冲激响应由少量的非零抽头和大量的零抽头组成，而水声信道冲激响应的稀疏结构可以用来提高信道估计的表现，通过减少不必要的非零多径数目以降低信道估计的噪声[15, 16]。水声信道通常表现为仅存在几个明显的主径且可能有较长的时延，当整个多径扩展仅用远少于信道长度的几个抽头即可代表整个信道冲激响应时，通过稀疏建模可将信道估计、均衡转化为稀疏信号处理方面的问题。关于水声信道稀疏性的研究成果已广泛应用在判决反馈均衡器[15, 17]，以及拓扑均衡器的设计当中[18-21]，虽然接收的信号存在严重变形，但若能合理利用信道的稀疏结构模型，将改善对信道的估计性能，从而更利于跟踪水声信道。而利用水声信道多径产生的稀疏甚至是簇稀疏的结构，结合近似范数约束构造代价函数，将传统的信道估计算法加以改进，将是本书多个章节研究的主要方向。

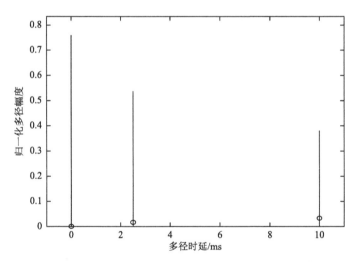

图 1.4　水声信道的稀疏多径结构图（参考时延为 0）[15]

针对水声信道的稀疏特性进行建模，可采用非零抽头拟合多径以描述信道输入输出关系[20]。文献[20]指出，根据水声信道输入输出关系表达式的不同可将稀疏水声信道估计方法分为逐符号估计与逐块估计，而基于信道估计的均衡器提供了对海试实验结果进行信道估计方法性能评价的一种常用方法。

此外，基于时延多普勒模型，结合压缩感知（compressed sensing，CS）方法并利用水声信道时延多普勒域的可压缩特点，可以设计以获取精确的水声信道时延多普勒函数图为目标的稀疏信道估计算法，并相应采用基于水声信道时延多普勒域最小均方误差均衡器进行海试数据实验结果的评价。

1.4　压缩感知与稀疏水声信道估计

压缩感知技术是建立在矩阵论、概率统计论、优化论等众多数学理论基础上发展起来的一种新的理论。CS 理论可以通过极低的速率实现信号的采样和处理，在降低数据存储、传输的代价的同时减少信号处理时间和计算成本[22, 23]。自 2006 年被提出[24]，CS 理论在诸多领域得到迅速发展。其研究主要围绕三个核心问题展开：信号的稀疏表达、信号的稀疏观测（或称为稀疏测量）和信号重建。

无线通信及信号处理领域中，稀疏信道的估计及算法研究已有大量报道[25-29]，如对稀疏无线车载信道和陆地无线信道进行估计等。这些算法从压缩感知的角度进行分析，将待估计的无线信道视作压缩感知领域中待恢复的稀疏信号。稀疏信号即一个信号可以用一个原子集合中的少量几个原子的线性组合，且以尽量小的误差来表示或者逼近此信号，在信号处理领域，常用的一些变换，如傅里叶变换、小波变换、离散余弦变换等都可以用来对信号进行稀疏表示，这些变换的主要目的是将信号转换到能高效利用稀疏结构特征的变换域[30]。

压缩感知信道估计算法[31, 32]最早出现在 OFDM 系统中，离散傅里叶变换矩阵已经在压缩感知测量矩阵中取得成熟应用，且满足严格约束等距特性（restricted isometry property，RIP），并将单载波通信系统的训练序列作为探针信号。文献[33]指出，由训练序列组成的随机矩阵有效满足 RIP 条件，典型的算法有基于 l_1 范数约束的匹配追踪（matching pursuit，MP）[16]和正交匹配追踪（orthogonal matching pursuit，OMP）[34]，该类算法通过逐次迭代找出与所需信号最匹配的列向量，再用这些列向量重建稀疏信号。

无线电通信与水声信道较为相似，无线信道的上下界面分别是电离层与地面，这与水声信道中的海面与海底界面类似。无线电波在短波信道中传播时遇到上下界面产生反射，形成了典型的多途信道[35]，水声信道的多途环境要比无线信道严重得多。由于海底和海面的距离仅为无线信道高度的千分之一，即水声传播数公里形成的多途效应等同于无线信道的数千公里，此时对应的多途时延扩展达到毫秒量级，形成了严重的码间干扰；海面起伏和海水介质的时变特性也令水声信道的稳定时间显著缩短；同时，水声的多普勒效应是无线电波的数百倍，增大了声呐接收机的设计难度，这些因素无疑让水声信道成为世界上具有挑战性的信道之一[35]。文献[15]、[36]将 MP 与 OMP 算法引入水声信道估计，实际上 MP 和 OMP 的区别在于，后者在前者迭代的基础上，将信号的正交分量投影到原子集合中，该投影步骤能使算法避免冗余选择原子集，然而贪婪算法策略实际上不是全局最优[36]。

更进一步地，文献[37]提出分簇稀疏思想，并将 OMP 算法改进为码块 OMP（block OMP，BOMP）算法，BOMP 算法在无噪环境下，或高信噪比时，性能较

OMP 更加优越。BOMP 算法从理论上分析了对于簇稀疏信号恢复的问题，对测量矩阵的列的非相关性要求较传统算法更加宽松，即对列的相关性的容忍上限进一步提高，不过 BOMP 算法在噪声情况下恢复簇稀疏信号的鲁棒性将降低。无线信道估计中文献[38]提出了簇稀疏信道估计问题，并结合贝叶斯估计策略进行了算法设计。

这些无线信道估计中出现的算法设计及应用对于水声信道的估计有重要的参考价值和借鉴意义。水声信道在时域中表现出稀疏结构特性[2, 39]。此外，在时延多普勒域，即时间-时延域经过傅里叶变换后的频域，水声信道估计问题仍可采用可压缩信号进行处理[36, 40-43]。在水声通信中，当水体折射以及海底海面反射导致本征声线周围分布着微弱路径时，水声信道冲激响应函数表现出簇稀疏的特点。大量的海试实验已验证了这一特征[44-46]。通过研究发现[44]，结合压缩感知方法中簇稀疏信号恢复策略能提升对簇稀疏水声信道的估计性能[44, 47, 48]。根据文献[20]中对信道估计策略分类的提法，可以按照水声通信中输入输出关系表达形式的不同而将信道估计方法分类为逐符号估计和逐块估计策略两大类。本书在后续多个章节中介绍了根据水声信道的稀疏结构特征提出的若干稀疏水声信道估计算法，并结合仿真实验和海试实验对这些方法进行验证。

1.5 水声信道的时延多普勒双扩展模型

水声通信中，信道估计的主要挑战是信道多径传输的快速时变特性，该特性导致水声信道具有典型的时延多普勒双扩展现象[15]。需要指出，一方面，水声信道的时延多普勒双扩展现象给信道估计工作带来很大困难；另一方面，如果能结合其稀疏特性，则有望通过改进估计方法提高对水声信道时延多普勒函数的估计性能。

为获取精确的时间-时延域的水声信道冲激响应，信道的逐块估计算法主要是假设信道在块长度内保持平稳，这样的假设符合水声信道变化不大的场合，然而，当水声信道出现时变，甚至明显的时延多普勒双扩展的现象时，水声信道的逐块估计适用性有限。在传统水声信道模型的基础上，本书后续章节还介绍了时延多普勒二维模型等新水声信道估计研究进展。

水声波动方程给出了水声传播数学模型的理论基础。基于波动方程的五个典型解决方案，可以获取水下信道的五种模型：射线理论模型[49]、简正波模型[50]、多径扩张模型[49]、快速场模型[51]和抛物线方程模型[49]。这五种不同的基于波动方程的水声传播模型都有各自特定的用途，其详细情况可参考文献[52]。实际上，很难仅用一种模型来刻画所有水声传播特征，实际中大多数模型是针对特定的场景进行设计的，而水声信道的复杂多变性导致这些模型不具备通用性，至今未出现大家普遍接受的水声信道模型[7]。目前也很难由水声信道的随机变化来总结出其信道响应的统计特性。这一点完全不同于无线信道，对于无线信道有几个模型已经被认为是公认的标准，如 Rayleigh 衰落的概率分布和 Jake 模型描述的衰落过程。而对于水声通信，目前并没有一个标准的统计信道模型。实验结果表明，一些信道难以被确定表征，而另一些则表现为 Rice 衰落、Rayleigh 衰落或服从 K 分布[39]。通常这些水声信道的相干时间一般都在几百毫秒数量级，当然也有少数信道的相干时间低于 100ms。

研究发现，水声信道是一种可用散射函数表征其统计特性的随机时变信道[53]，而时延多普勒双扩展函数则可将散射函数数字化表示。如图 1.5 所示，其中，D 表示直达路径，B 表示由海底反射得到的路径，S 表示海面反射路径，BS 表示先海底再海面反射的路径，SB 表示先海面再海底反射的路径，BSB 表示先后经过海底、海面、海底反射的路径。

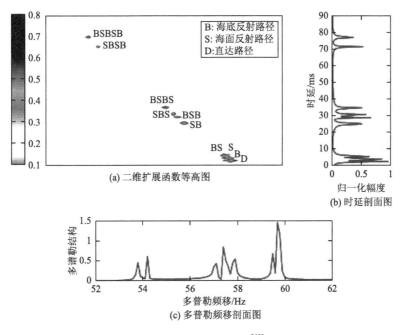

图 1.5 时延多普勒图[40]

时延多普勒双扩展函数可以理解为信道冲激响应的傅里叶变换。在水声的时延-多普勒扩展函数的构建和研究中。Eggen 等[54]提出先对散射函数每个时延-多普勒函数分量的位置进行估计，然后估计这些检测到的分量，然而这样的做法使其估计性能有限。

Li 和 Preisig[15]采用 MP 算法及 OMP 算法解决时延多普勒参数的同时优化估

计快速时变水声通信通道。而贪婪搜索算法不是全局最优[42]。在此基础上，Gupta
和 Preisig[41]采用基于双扩展模型下的混合几何范数约束对双扩展水声信道进行估
计。然而这种算法的性能对优化混合范数中的稀疏度参数较为敏感。投影梯度法[42]
也被用于双扩展水声信道估计中。但该算法将极大地增加计算复杂度，例如，若
观测矩阵为 N 维方阵，采用该算法，将变为 $2N \times 2N$ 的循环矩阵。Yu 等提出基于
时延多普勒双扩展模型的用于 OFDM 通信系统的迭代信道估计方法[43]，并采用线
性最小均方误差（linear minimum mean-squared error，LMMSE）均衡器进行验证。

　　基于时延多普勒双扩展水声信道模型，浙江大学的夏梦璐设计了被动时反结
合正交频分复用的通信系统[8]，聂星阳将对信道估计和均衡问题的研究由单输入
单输出（single-input-single-output，SISO）通信系统扩展到多输入多输出（MIMO）
通信系统中[7]。余子斌设计了基于时延多普勒双扩展水声信道模型下的空时 Turbo
阵通信系统[55]。文献[55]指出，由于文献[56]中考虑的扩展是确定性的，对双扩展
的随机性成分无能为力，文献[6]提出在时反处理器后接一个扩展卡尔曼滤波器来抵
消信道起伏的影响，而时反信道的主要路径数目减少从而减轻了扩展卡尔曼滤波器
的计算开销，不过也因为经过时反处理而使得变化不如原水声信道剧烈[5]。

　　考虑到双重扩展水声信道模型能更加精细地刻画水声信道变化特征以及降低
水声双扩展信道模型计算复杂度的实际需要，第 3 章介绍了将一种新的非均匀范
数约束引入最小均方误差代价函数中的工作，由此导出的水声信道稀疏估计算法
称非均匀范数约束（non-uniform norm constraint，NNC）算法[57-59]，该算法按信
道多径能量的相对大小进行 l_0 或 l_1 范数分类。在不同的稀疏度情况下通过最速下
降法最小化基于 NNC 约束的代价函数，并以 OMP[15, 34, 42, 54]算法和 MP 算法作为
参考[16, 60]，通过仿真和海试实验进行性能评估与比较。在此基础上，第 6 章介绍
将非均匀范数引入双扩展模型进行稀疏水声信道估计的工作。

参 考 文 献

[1]　尤立克. 水声原理[M]. 哈尔滨：哈尔滨船舶工程学院出版社，1990.

[2]　Stojanovic M. Recent advances in high-speed underwater acoustic communications[J]. IEEE Journal of Oceanic Engineering，1996，21（2）：125-136.

[3]　黄建国，孙静，何成兵，等. OFDM 高速水声通信系统及实验研究[C]. 通信理论与信号处理新进展——2005 年通信理论与信号处理年会论文集，桂林，2005.

[4]　Stojanovic M. Acoustic Communications [M]. Hoboken：John Wiley and Sons，2003.

[5]　Kilfoyle D B，Baggeroer A B. The state of the art in underwater acoustic telemetry[J]. IEEE Journal of Oceanic Engineering，2000，25（1）：4-27.

[6]　朱维庆，朱敏，王军伟，等. 水声高速图像传输信号处理方法[J]. 声学学报，2007，32（5）：385-397.

[7]　聂星阳. 模型与数据相结合的浅海时变水声信道估计与均衡[D]. 杭州：浙江大学，2014.

[8]　夏梦璐. 浅海起伏环境中模型-数据结合水声信道均衡技术[D]. 杭州：浙江大学，2012.

[9]　许祥滨. 抗多途径干扰的水声数字语音通信研究[D]. 厦门：厦门大学，2003.

[10] 程恩. 水声电子邮件传输研究[D]. 厦门：厦门大学，2006.

[11] 陈楷，周胜勇，童峰. 一种基于 DSP 的双模水声通信系统[J]. 厦门大学学报（自然科学版），2012，51（1）：37-40.

[12] 殷敬伟. 水声通信原理及信号处理技术[M]. 北京：国防工业出版社，2011.

[13] Daoud S. Doppler-resilient schemes for underwater acoustic communication channels [D]. Montreal：Dissertation at Concordia University，2015.

[14] Stojanovic M. Retrofocusing techniques for high rate acoustic communications [J].Journal of Acoustical Society of America，2005，117（3）：1173-1185.

[15] Li W，Preisig J C. Estimation of rapidly time-varying sparse channels [J]. IEEE Journal of Oceanic Engineering，2007，32（4）：927-939.

[16] Mallat S G，Zhang Z. Matching pursuits with time-frequency dictionaries [J]. IEEE Transaction on Signal Processing，1993，41（12）：3397-3415.

[17] Roy S，Duman T，McDonald V. Error rate improvement in underwater MIMO communications using sparse partial response equalization [J]. IEEE Journal of Oceanic Engineering，2009，34（2）：181-201.

[18] Stojanovic M. MIMO OFDM over underwater acoustic channels[C]. 2009 Conference Record of the Forty-Third Asilomar Conference on Signals，Systems and Computers，Pacific Grove，2009：605-609.

[19] Choi J W，Riedl T J，Kim K，et al. Adaptive linear turbo equalization over doubly selective channels[J]. IEEE Journal of Oceanic Engineering，2011，36（4）：473-489.

[20] Yang Z，Zheng Y R. Iterative channel estimation and turbo equalization for multiple-input multiple-output underwater acoustic communications[J]. IEEE Journal of Oceanic Engineering，2015，41（1）：232-242.

[21] Zheng Y R，Wu J，Xiao C. Turbo equalization for single-carrier underwater acoustic communications[J]. IEEE Communications Magazine，2015，53（11）：79-87.

[22] Eldar Y C，Kutyniok G. Compressed Sensing：Theory and Applications[M]. Cambridge：Cambridge University Press，2012.

[23] Baraniuk R G. Compressive sensing[J]. IEEE Signal Processing Magazine，2007，24（4）：118-122.

[24] Donoho D L. Compressed sensing[J]. IEEE Transactions on Information Theory，2006，52（4）：1289-1306.

[25] Shi K，Shi P. Convergence analysis of sparse LMS algorithms with l1-norm penalty based on white input signal[J]. Signal Processing，2010，90（12）：3289-3293.

[26] Takigawa T，Kudo M，Toyama T. Performance analysis of minimum l1-norm solutions for underdetermined source separation[J]. IEEE Transaction on Signal Processing，2004，52（3）：582-591.

[27] Koh K，Kim S J，Boyd S. An interior-point method for large-scale l1-regularized logistic regression[J]. Journal of Machine Learning Research，2007，8：1519-1555.

[28] Angelosante D，Bazerque J A，Giannakis G B. Online adaptive estimation of sparse signals：Where RLS meets the l1-norm[J]. IEEE Transactions on Signal Processing，2010，58（7）：3436-3447.

[29] Foucart S，Gribonval R. Real versus complex null space properties for sparse vector recovery[J]. Comptes Rendus Mathematique，2010，348（15-16）：863-865.

[30] 李波. 压缩感知中广义 OMP 算法和词典构造研究[D]. 哈尔滨：哈尔滨工业大学，2015.

[31] Wang Z H，Zhou S，Catipovic J，et al. Parameterized cancellation of partial-band partial-block-duration interference for underwater acoustic OFDM[J]. IEEE Transaction on Signal Processing，2012，60（4）：1782-1795.

[32] Berger C R，Zhou S，Preisig J，et al. Sparse channel estimation for multicarrier underwater acoustic communication：From subspace methods to compressed sensing[J]. IEEE Transaction Signal Processing，2010，

58（3）：1708-1721.

[33] Gohberg I, Olshevsky V. Complexity of multiplication with vectors for structured matrices [J]. Linear Algebra Application, 1994, 202（15）: 163-192.

[34] Tropp J A, Gilbert A C. Signal recovery from random measurements via orthogonal matching pursuit [J]. IEEE Transaction on Information Theory, 2007, 53（12）: 4655-4666.

[35] Rao B D, Delgado K K. An affine scaling methodology for best basis selection [J]. IEEE Transaction on Signal Processing, 1999, 47（1）: 187-200.

[36] Jiang X, Zeng W J, Li X L. Time delay and Doppler estimation for wideband acoustic signals in multipath environments [J]. Journal of Acoustical Society of America, 2011, 130（2）: 850-857.

[37] Eldar Y C, Kuppinger P, Bolcskei H. Compressed sensing for block-sparse signals: Uncertainty relations, coherence, and efficient recovery [J]. IEEE Transaction on Signal Processing, 2010, 58（6）: 3042-3054.

[38] Ballal T, Al-Naffouri T Y, Ahmed S F. Low-complexity Bayesian estimation of clustersparse channels [J]. IEEE Transactions on Communications, 2015, 63（11）: 4159-4173.

[39] Stojanovic M, Preisig J C. Underwater acoustic communication channels: Propagation models and statistical characterization [J]. IEEE Communications Magazine, 2009, 47（1）: 84-89.

[40] Zeng W J, Jiang X. Time reversal communication over doubly spread channels [J]. Journal of Acoustical Society of America, 2012, 132（5）: 3200-3212.

[41] Gupta A S, Preisig J. A geometric mixed norm approach to shallow water acoustic channel estimation and tracking [J]. Physical Communication, 2012, 5（2）: 119-128.

[42] Zeng W J, Xu W. Fast estimation of sparse doubly spread acoustic channels [J]. Journal of the Acoustical Society of America, 2012, 131（1）: 303-317.

[43] Yu H, Song A, Badiey M, et al. Iterative estimation of doubly selective underwater acoustic channel using basis expansion models [J]. Ad Hoc Networks, Issue C, 2015, 34: 52-61.

[44] Wang Z, Zhou S, Presig J C, et al. Clustered adaptation for estimation of time-varying underwater acoustic channels[J]. IEEE Transaction on Signal Processing, 2012, 60（6）: 3079-3091.

[45] Rouseff D, Badiey M, Song A. Effect of reflected and refracted signals on coherent underwater acoustic communication: Results from the Kauai experiment（KauaiEx 2003）[J]. Journal of the Acoustical Society of America, 2009, 126（5）: 2359-2366.

[46] Candes E, Romberg J, Tao T. Robustuncertaintyprinciples: Exactsignalreconstruction from highly incomplete frequency information[J]. IEEE Transaction on Information Theory, 2006, 52（2）: 489-509.

[47] Tao J, Zheng Y R, Xiao C, et al. Robust MIMO underwater acoustic communications using turbo block decision-feedback equalization[J]. IEEE Journal of Oceanic Engineering, 2010, 35（4）: 948-960.

[48] Mitra U, Choudhary S, Hover F S, et al. Structured sparse methods for active ocean observation systems with communication constraints[J]. IEEE Communications Magazine, 2015, 53（11）: 88-96.

[49] Etter P C. Underwater Acoustic Modeling and Simulation[M]. 4th ed. Boca Raton: CRC Press, 2003.

[50] Buckingham M J. Ocean-acoustic Propagation Models[M]. Luxembourg: EUR-OP, 1992.

[51] Gerstoft P, Schmidt H. A boundary element approach to ocean seismoacoustic facet reverberation[J]. Journal of Acoustical Society of America, 1991, 89（4）: 1629-1642.

[52] Su R, Venkstesan R, Li C. A review of channel modeling techniques for underwater acoustic communications[C]. Proceedings of 19th IEEE Newfoundland Electrical and Computer Engineering Conference, New Found Land, 2010: 1-5.

[53] Wu F Y，Zhou Y H，Tong F，et al. Compressed sensing estimation of sparse underwater acoustic channels with a large time delay spread[J]. Journal of Southeast University（English Edition），2014，30（3）：271-277.

[54] Eggen T H，Baggeroer A B，Preisig J C. Communication over Doppler spread channels-Part I：Channel and receiver presentation[J]. Journal of the Acoustical Society of America，2000，25（1）：62-71.

[55] 余子斌. 水声双扩展信道空时 Turbo 通信系统[D]. 杭州：浙江大学，2014.

[56] Kalouptsidis N，Mileounis G，Babadi B，et al. Adaptive algorithms for sparse system identification[J]. Signal Processing，2011，91（8）：1910-1919.

[57] Wu F Y，Zhou Y H，Tong F，et al. Simplified p-norm-like constraint LMS algorithm for estimation of underwater acoustic channels[J]. Journal of Marine Science and Application，2013，12（2）：228-234.

[58] Wu F Y，Tong F. Gradient optimization p-norm-like constraint LMS algorithm for sparse system estimation[J]. Signal Processing，2013，93（4）：967-971.

[59] Wu F Y，Tong F. Non-uniform norm constraint LMS algorithm for sparse system identification[J]. IEEE Communication Letters，2013，17（2）：385-388.

[60] Tropp J A. Greed is good：Algorithmic results for sparse approximation[J]. IEEE Transaction on Information Theory，2004，50（10）：2231-2242.

第 2 章　水声信道传播特性

声音在水下传播中易发生反射、折射、散射等现象[1-4]，从而导致水声通信过程产生多径效应，多径效应的直接影响使得信号在接收端出现混叠，总体上会恶化通信效果，这些水声信道本身所含的复杂物理特性所带来的困难历来制约着高速、大容量和高可靠性水声通信技术的研究和发展[4]。概括而言，主要是因为水声信道表现出时延、背景噪声大以及严重的多普勒频移等现象[2-4]，使得水声通信比无线通信遇到的挑战更大[2, 3, 5, 6]。而复杂的信道传播物理特性，导致冲激响应将出现十几甚至上百毫秒的延时，由此导致的严重码间干扰对高速率水声通信产生了极大的影响[4]，所以，当务之急是研究和开发大容量、高速率、高可靠性的水声数字通信系统。针对这一难题，国内外水声通信研究结果表明，信道估计能有效获取水声信道特征，从而利用信道信息进行均衡器优化，提高均衡器恢复数据信息的性能。

本章分为两部分，分别简要介绍声传播特性和水声信道特性。其中，对声传播特性从声传播损失、噪声以及海水中的声速情况进行具体阐述，这些物理特性影响着水下信号的传输与接收，也是在进行水声信道估计相关算法设计时不得不考虑的重要因素。

声波在水中的传播速度相比电磁波在大气中的传播速度而言是非常慢的，加之海洋界面和海洋中不同尺度时变因素的影响，导致水声信道受环境变化的影响较大，呈现出复杂的传播特性。因此，本章第二部分将简要介绍水声信道的复杂传播特性，分别从信道容量、时延与稀疏特性、时变与多普勒频移特性等方面进行阐述，并给出本章小结，这些分析都将成为本书后续章节水声信道估计相关模型分析、算法设计的重要参考。

2.1　声传播特性

现代通信技术发展至今，可用于无线通信的物理介质主要有电、光、声等。但是，由于电磁波（包含光和电）在海水中衰减很快，通用频率的电磁波即使在清澈的海水里也很难传输超过 100m 距离。从这个意义上比较而言，声波在海洋中具有较强的传播能力，声波是目前实现海洋中远距离无线通信的主要信息载体[7, 8]。

　　图 2.1 给出了多径的传播示意图，除了直达路径外，信号还通过来自海底与海面的反射，导致出现比无线电传播更为明显的时间弥散。特别地，由于海洋具有复杂多变的内部结构和边界及不同时间尺度的时变，在某种程度上浅海通信遇到的困难和挑战比深海更大，因其海底地形、人类活动干扰和环境的影响更加复杂，对声波传播的影响极为复杂。通常认为，在海洋信道对声波传播产生的不同程度影响中，对水声通信影响较大的因素有：声能量的传播损失、噪声以及不均匀声速分布导致的复杂传播模式等。

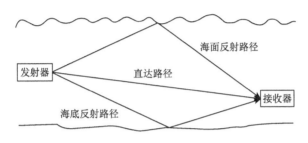

图 2.1　典型多径传播示意图[9]

2.1.1　传播损失

　　与电磁波传播过程中会遇到能量损失类似，声波在海水介质中传播也将不可避免地遇到传播损失这个问题，即声波的强度会在传播方向上发生衰减。海洋中声信号能量的损失效应通常采用传播损失来表示，并认为其主要由扩展损失和衰减损失两部分构成。扩展损失是声信号从点声源向外传播时声强有规律衰弱，这个衰减过程可以近似认为是按照几何的分布规律变化的，因此也称为几何损失。扩展损失则是指声音在水下传播的条件不同而对其分为不同类型：对于球面扩展，声强的分布规律随距离的平方减小，即扩展损失与距离的平方成正比；在海洋波导条件下，扩展损失为柱面扩展，与距离成正比。衰减损失同时包括吸收和散射等，前者是指一部分声能由于转化为热能等其他能量形式而被损耗的效应，后者是指遇到水中颗粒物或气泡等发生无规则反射从而造成能量耗散。

　　当忽略具体的传播条件时，声传播损失可以用半经验公式计算[8]：

$$A(d,f) = \left(\frac{d}{d_r}\right)^k \alpha(f)^{d-d_r} \tag{2.1}$$

式中，$\left(\dfrac{d}{d_r}\right)^k$ 为声传播的扩展损失，它与水下声传播的方式以及距离有关；d 为传播距离；d_r 为参考距离；k 为扩展损失指数，其取值取决于不同的声传播条件，通常介于 1 和 2 之间，分别对应柱面扩展和球面扩展的情况；$\alpha(f)^{d-d_r}$ 为衰减损失，f 为信号频率，$\alpha(f)$ 为吸收系数，它随声波频率的增加而显著增加。详细表达式可参阅文献[9]，吸收系数与频率的关系如图 2.2 所示。从图 2.2 可以看出，其随频率增加而急剧增加，因此对于给定的传输距离，实际中可用的带宽有一个上限。此外，该因子还与温度和深度有关，其值往往可以从经验公式中查表得到。从相关公式可以看出，随着频率的增大，声波的传播损失显著增大。因此声波的传播损失不仅取决于传播距离，还与信号频率有关。声波传播损失的物理特点限制了水声通信系统的工作距离和频率上限。

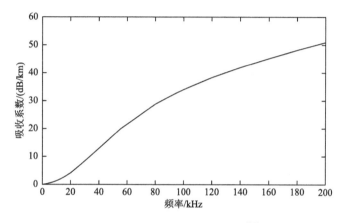

图 2.2 吸收系数与频率的关系[10]

2.1.2 噪声

声波在水下传播的过程中引入的噪声有海洋环境噪声和混响两大类。其中，海洋环境噪声又可简单地分为安静背景下的和特定环境下的。环境噪声的主要来源有海洋湍流、远处行船、海面波浪、雨和雹、生物群体噪声以及各类人类活动导致的技术噪声等。其中，风成噪声和船舶噪声是海洋环境噪声的主体，因为大多数声学系统都工作在这个频带内。根据大数定理，这些综合环境因素导致的环境噪声可以用高斯统计量和连续的功率谱密度进行描述。海洋环境噪声随时间和地点有很复杂的变化特性，因为海洋环境本身包含大量具有强烈变化特性的噪声源，如导致拍岸噪声的拍岸浪等。

在工程上，可将海洋环境中的随机噪声来源分为四大类型：湍流、航船、水波、热噪。从频率划分范围来看，湍流噪声频率非常低，$f < 10\text{Hz}$，远航的船舶噪声频率主要在 10~100Hz，海浪运动产生的噪声，即风成噪声则主要集中在 0.1~100kHz，这一频率区间也是大部分水声通信机的工作频率区间，而热噪主要

影响范围在 $f > 100\text{kHz}$。综合各种随机噪声的功率谱密度函数 $N(f)$ 如图 2.3 所示,其近似表达式可以表示为

$$10\log_{10} N(f) \approx N_1 - \eta \log_{10} f \qquad (2.2)$$

该近似表达式在图中用短虚线表示,其中,$N_1 = 50\text{dB re }\mu\text{Pa}$,$\eta = 18$ 为一个常数。

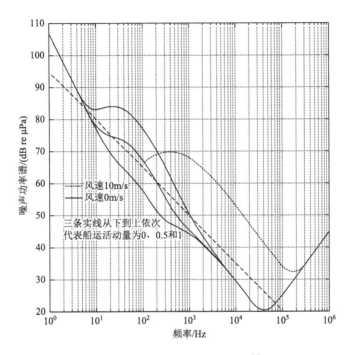

图 2.3　随机噪声的功率谱密度[9]

　　海洋中存在着大量散射体以及起伏不平的界面。当声源发射声波以后,碰到这些散射体,就会引起声能在各个方向上重新分配,即产生散射波。其中返回到接收点的散射波的总和称为混响。混响是主动式声呐的主要干扰。由产生混响的散射体具有的不同性质,混响可分为体积混响、海面混响和海底混响。对混响的研究大体上分为能量规律和统计规律两个方面。

2.1.3　海洋中的声速

　　由于基本的传播损失理论描述的是能量扩散和吸收,并没有考虑具体通信系统的几何特征以及水声的多径传播,而海洋中的多径效应是由两个方面形成:一是来自海面、海底界面或水中物体的反射;二是来自水体本身不均匀导致的色散

效应。后者是声速在水中因深度变化而变化的结果，这种现象在深海中尤为明显，图 2.4 展示了这两种机制。

　　声波的传播速度是水声通信中的一个重要声学参数，它的变化直接影响到声波的传播路径变化，从而决定着通信中信号接收的情况。影响水下声速的参数主要包含：温度（用 T 表示，单位℃）、盐度（用 S 表示，指实用盐度 psu, practical salinity unit）和深度（用 z 表示，单位 m）。对于这几种环境参数，温度对声速的影响是最显著的。实际应用中，可以通过测量海水中的这些参数，再用经验公式来确定声速 c。经验公式是很多次海上测量的总结，表达式如下[8]：

$$c = 1449.2 + 4.6T - 0.055T^2 + 0.000529T^3 + (1.34 - 0.01T)(S - 35) + 0.016z \quad (2.3)$$

　　从式（2.3）可以看出，声速可以近似认为是按照深度不同而出现分层情况。通常称声速随着深度变化而变化的图为声速剖面图（图 2.4）。

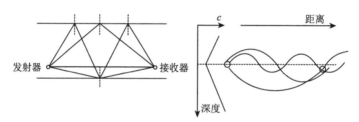

(a) 浅海与深海条件下多径效应的形成

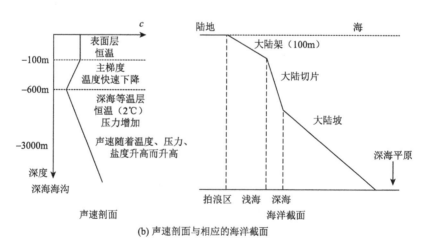

(b) 声速剖面与相应的海洋截面

图 2.4　声传播与声速图[11]

2.2　水声信道双扩展特性

　　水声信道特性对水声通信质量有直接的影响，因此分析水声信道传输特性对设计水声信道估计算法有重要意义，也是后续章节的重要基础。本节着重介绍对水声通信造成明显影响的水声信道特性，包括信噪比、信道容量、时延与稀疏结构、时变性与多普勒频移等内容。

2.2.1 信噪比

在水声信道中，信噪比（signal to noise ratio，SNR）可以基于信号衰减与噪声功率谱密度计算得出[9]，具体可以参照以下表达式求解：

$$\text{SNR}(l,f) = \frac{P}{A(l,f)N(f)\Delta f} \tag{2.4}$$

式中，$\text{SNR}(l,f)$ 为距离 l 与载波中心频率 f 的函数；P 为信号传输功率；Δf 为接收器的噪声带宽；噪声衰减因子 $A(l,f)$ 反映出 SNR 对频率的依赖性。

图 2.5 给出了窄带信噪比与频率的关系。从图 2.5 可以看出，对特定的距离而言，如果一个频率对应的窄带信噪比值最大，那么这个最优频率可以作为水声通信系统设计中选择特定传输距离载波频率的最优参考。

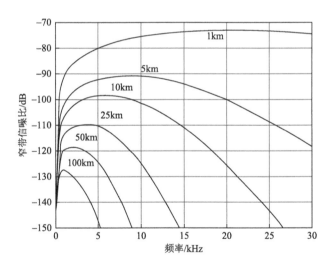

图 2.5 窄带信噪比与频率的关系[12]

2.2.2 信道容量

在现代通信系统中，香农定理给出了一个关于计算信道容量的理论边界公式，该公式指出：当通信速率小于某个阈值边界时，即可实现无误码传输。而这个阈值边界的计算表达式为

$$C = B \log_2 \left(1 + \frac{P}{BN_0} \right) \tag{2.5}$$

式中，B、P、N_0 分别表示可用带宽、接收信号平均功率和噪声功率谱密度。其中接收信噪比定义为

$$\text{SNR} = \frac{P}{BN_0} \tag{2.6}$$

考虑到实际水声通信中大多数通信都是带宽受限或功率受限。在设计通信系统时，若带宽受限，要想提高对有限频带的利用率，即使每秒每赫兹可传输的比特数最大，也必须提高发射功率，部分水声通信系统属于这一类型。而当功率受限时，可以通过在长时间宽频带内发射一个波形来最大化能量效率，典型的有深海声通信发射机。

从香农定理可以看出，当实际中的功率和带宽都受限时，一般来说，对于短距离水声通信环境，在发射功率满足的前提下，应尽可能地提高声通信系统的带宽利用率；而对于长距离水声通信且能量受限时，单位能量发射的数据比特数是考虑的主要因素，此时通常的做法是通过牺牲带宽效率换取能量效率。

2.2.3　时延与稀疏结构

声波在水下实际传播的过程中因其通过的水体介质并非理想无界，不可避免涉及两个界面的影响：水面和水底。声信号在水声信道中传播会出现反射（海底、海面或障碍物等因素易导致反射的情况发生）与折射（温度、盐度、静压力等的变化导致的声速梯度容易造成声波的折射现象）等物理现象，导致声信号将在不同时间、不同路径被接收机接收，称为多径效应。

对于典型的深海信道，可以将声速剖面分为三层：表面层、主跃变层和深海等温层[12]。与之相应，水声信道将表现出不同的多径结构，图 2.6 为 MakaiEx 海试实验[10]信道冲激响应的稀疏多径结构图，实验数据结果图显示出环境下水声信道的稀疏特点。

（1）表面层中的声速受较多的因素影响，对温度和风的作用很敏感，有较强的地区变异性和短时间不稳定性，也表现出明显的季节特征和日变化。若声信道被考虑为均匀声速信道，则任何信号发送点和信号接收点之间都存在直达声波，以及经过海面、海底的反射声波。这使得对于近距离的水声通信，因海底、海面反射损失较小，导致多径现象较为严重，即接收信号通常由直达和大量海面、海底反射径组成；而对于远距离水声通信，由于海底和海面多次反射使声能量损失较大，所以在能接收到直达声信号的范围内直达声信号往往构成主要接收信号。

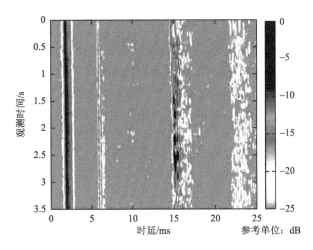

图 2.6　MakaiEx 海试实验信道冲激响应的稀疏多径结构图[10]

（2）在表面层以下约 1000m 深度内，温度随深度的增加而下降，因此，声速也随深度增加而下降，这时候的声速呈现较强的负声速梯度，称为主跃变层。在主跃变层导致的负梯度信道中，对于近距离的通信，多径主要来自直达声波和海面反射声波，而对于远距离水声通信，尤其是声影区，来自海面的反射声波无法到达，只有海底反射声波、海面散射声波和水中衍射声波可到达。

（3）水声信道最下面的那层称为深海等温层，层中海水处于冷而温度均匀的稳定状态，声速在这个区域会随着深度导致的水压增大而增大。

与无线通信类似，针对水声信道多径效应导致的频率选择性衰落，可以采用信道均衡器解决这种类型的衰落。但是，考虑到水声信道多径扩展远高于无线信道，在水声通信系统均衡器的设计中如何考虑水声信道的特点很重要。例如，对于单载波通信系统，数据符号长度相对于多径扩展来说较短，因此落在多径扩展范围内的符号数决定了码间干扰的影响范围。需要特别指出，与无线通信系统不同，水声信道中的码间干扰通常可以出现几百甚至上千个符号长度的影响范围，严重影响后续码元的解码，对接收机的设计造成严重的挑战。

虽然上述长多径时延扩展造成了严重的困难，考虑到水声信道的等效冲激响应中通常仅存在几个明显的主径，其余时延范围内幅度为零或近似为零，这种典型的稀疏分布特性给信道估计与均衡算法的设计提供了重要的启示。也就是说，整个多径扩展范围内仅用远少于信道长度的几个抽头即可代表整个信道的冲激响应。通过对稀疏信道进行针对性建模可以将估计与均衡转化为信号处理问题，从而通过对信道稀疏性的利用来提高处理性能、降低复杂度。近年来，水声信道稀疏性研究被国内外研究团队广泛关注，也取得了不少进展，如将其结合在判决反馈均衡器[13, 14]、拓扑均衡器[15, 16]等设计中。

换言之，尽管存在远大于无线信道的多径时延扩展，且随机、复杂的传播模式造成接收信号严重畸变，如果能在接收机设计中合理利用水声信道的稀疏结构模型，有望改善信道的估计性能，从而更利于实现水声通信接收机与水声信道的高效匹配，进而提高处理性能。因此，研究利用水声信道多径具有的稀疏甚至是簇稀疏等水声传播导致的稀疏结构特点，对传统信道估计算法加以改进或设计新的估计方法以实现性能的提高，是本书的主要出发点和指导思路。

2.2.4　时变性与多普勒频移

造成水声信道时变的主要原因包括传播介质即海水的变化特性和发射/接收平台相对运动两个因素。前者包含不同时间尺度的时变因素，这些时变因素有些对水声通信产生较小影响，如像季节性海洋温度分布变化这样几个月尺度上的时间变化；有些则产生较大影响，如小时间尺度内水面波浪引入的变化，将造成声波在水面反射处相对位置的快速变化，同时也会因收发装置之间声程变化而造成信号散射和多普勒扩展。普遍认为，考虑到海洋中多影响因素的高度复杂性，很难用简单的模型总结出水声信道中这些随机变化所具有的统计特性。在这一点上，水声信道相对于无线信道更为复杂。

由于发射器、接收器或者任何一个信号传输路径上的反射体的相对运动都将产生路径随时间的变化。这种变化也将引起频率变化和频带的扩展或压缩，这种相对运动导致的多普勒频移可以用公式描述。因相对运动而产生的多普勒现象具体指：与发射信号的频率相比，接收频率将因声源靠近而变高，因声源的远离而变低[17]。

在经典物理中，如果发射端和接收端相对于介质的运动速度低于声波在介质中传播的速度，那么接收到的声波频率 f 以及发射的声源频率 f_0 就可以用式（2.7）表示：

$$f = \frac{c + v_r}{c + v_s} f_0 \tag{2.7}$$

式中，c 为声波在水中的速度；v_r 为接收器相对于介质的速度，如果接收器与声源是相向而行则为正，否则为负；v_s 为发射端相对于介质的速度，如果发射端与接收器是背道而驰则为正，否则为负。如果速度 v_r 和 v_s 相对于声速 c 较小，那么接收频率 f 和发射频率 f_0 之间的关系可以大致表示为

$$f = \left(1 + \frac{\delta v}{c}\right) f_0 \tag{2.8}$$

频率变化量为

$$\delta f = \frac{\delta v}{c} f_0 \qquad (2.9)$$

式中，$\delta f = f - f_0$；而 $\delta v = v_r - v_s$ 是接收器跟发射器之间的相对速度，如果为正，则表示两者相向而行。

与移动的无线信道不同，相对运动导致的多普勒频移和扩展在水声通信中造成更为严重的影响。例如，水声信道即使在信号带宽内也将引起非均匀的多普勒变形，图 2.7 给出了水声信道不同时刻的时变散射函数图。从图 2.7 可以看出，时变剧烈的环境下多普勒频移变化范围较大，为 $-20 \sim 20$Hz。

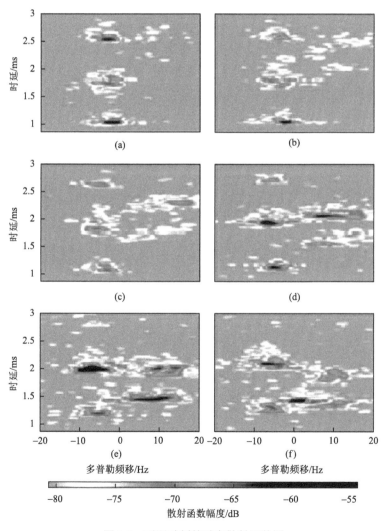

图 2.7　不同时刻的时变散射函数图

时延多普勒域为（$0.8 \sim 3$ms，$-20 \sim 20$Hz）

在水声通信中，水体折射以及海底、海面反射导致本征声线周围分布着微弱路径，造成声波在水底散射过程中容易出现簇稀疏现象[1, 18-20]（图 2.8）。通过研究发现[18, 21]，大量时延接近、成因相同的路径形成簇，且不同成因的簇往往独立地变化，可近似认为在同一个簇中的大量多径有共同的参数特征：簇复衰变因子、簇延时以及簇多普勒域因子。基于簇分布假设提出的水声信道模型认为簇可以由水声传播的界面反射或者水体折射造成，如图 2.8（b）所示，其中的一个簇由水中传输的声速剖面不同而产生的折射构成，而其他两个簇由水声传播经海面、海底的反射构成[18]。

通过对水声信道中簇多径的变化特征建模，结合簇域信息以及簇的变化，利用簇集信息与混合信道估计方法，文献[18]有效地提高了信道估计性。不同于经典稀疏理论中的稀疏分布特性，簇稀疏提供了水声信道中可供利用的独具特点的结构特征，针对这一类水声信道中的簇稀疏现象进行算法的针对性设计可以提高对簇稀疏水声信道的估计精度。

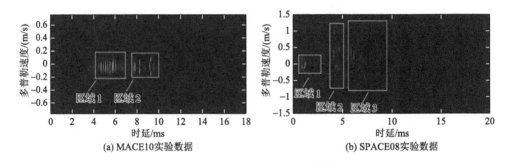

(a) MACE10实验数据　　　　　　　　　　(b) SPACE08实验数据

图 2.8　水声信道的簇稀疏结构[18]

2.3　小　　结

本章分两部分介绍了水声信道基本特性。第一部分简要介绍了描述声传播特性的三个重要特征量：声传播损失、噪声以及海水中的声速，并给出了计算声传播损失以及海水中声速的经验公式，揭示了声速分布对海洋声传播造成的影响；第二部分则侧重介绍水声信道传输特性，主要包括信道容量、时延与稀疏特性、时变与多普勒频移特性以及信道的簇稀疏结构等内容。上述内容有助于建立水声信道特性的基本概念，为本书后续章节水声信道估计内容的具体展开奠定基础。

参 考 文 献

[1]　Rouseff D，Badiey M，Song A. Effect of reflected and refracted signals on coherent underwater acoustic communication: Results from the Kauai experiment（KauaiEx 2003）[J]. Journal of the Acoustical Society of

America, 2009, 126 (5): 2359-2366.

[2]　Singer A C, Nelson J K, Kozat S S. Signal processing for underwater acoustic communications [J]. IEEE Communication Magazine, 2009, 47 (1): 90-96.

[3]　Chitre M S, Shahabodeen S, Stojanovic M. Underwater acoustic communications and networking: Recent advances and future challenges [J]. Marine Technology Society Journal, 2008, 42 (1): 103-116.

[4]　Stojanovic M. Efficient processing of acoustic signals for high-rate information transmission oversparse underwater channels[J]. Physics Communications, 2008, 1 (2): 146-161.

[5]　Akyildiz I, Pompili D, Melodia T. Underwater acoustic sensor networks: Research challenges [J]. Ad Hoc Networks, 2005, 3 (3): 257-279.

[6]　Zhang Y B, Zhao J W, Gio Y C, et al. Blind adaptive MMSE equalization of underwater acoustic channels based on the linear prediction method [J]. Journal of Marine Science and Application, 2011, 10: 113-120.

[7]　聂星阳. 模型与数据相结合的浅海时变水声信道估计与均衡[D]. 杭州: 浙江大学, 2014.

[8]　Stojanovic M, Preisig J C. Underwater acoustic communication channels: Propagation models and statistical characterization [J]. IEEE Communications Magazine, 2009, 47 (1): 84-89.

[9]　Stojanovic M. On the relationship between capacity and distance in an underwater acoustic communication channel[J]. ACM SIGMOBILE Mobile Computing and Communications Review, 2007, 11 (4): 34-43.

[10]　Song A, Abdi A, Badiey M, et al. Experimental demonstration of underwater acoustic communication by vector sensors [J]. IEEE Journal of Oceanic Engineering, 2011, 36 (3): 454-461.

[11]　Stojanovic M. Acoustic Communications [M]. Hoboken: John Wiley and Sons, 2003.

[12]　尤立克. 水声原理[M]. 哈尔滨: 哈尔滨船舶工程学院出版社, 1990.

[13]　Li W, Preisig J C. Estimation of rapidly time-varying sparse channels [J]. IEEE Journal of Oceanic Engineering, 2007, 32 (4): 927-939.

[14]　Roy S, Duman T, McDonald V. Error rate improvement in underwater MIMO communications using sparse partial response equalization [J]. IEEE Journal of Oceanic Engineering, 2009, 34 (2): 181-201.

[15]　Stojanovic M. MIMO OFDM over underwater acoustic channels[C]. 2009 Conference Record of the Forty-Third Asilomar Conference on Signals, Systems and Computers, IEEE, Pacific Grove, CA, 2009: 605-609.

[16]　Choi J W, Riedl T, Kim K, et al. Adaptive linear turbo equalization over doubly selective channels [J]. IEEE Journal of Oceanic Engineering, 2011, 36 (4): 473-489.

[17]　Daoud S. Doppler-resilient schemes for underwater acoustic communication channels [D]. Montreal: Dissertation at Concordia University, 2015.

[18]　Wang Z, Zhou S, Presig J C, et al. Clustered adaptation for estimation of time-varying underwater acoustic channels [J]. IEEE Transaction on Signal Processing, 2012, 60 (6): 3079-3091.

[19]　Candes E, Romberg J, Tao T. Robust uncertainty principles: Exact signal reconstruction from highly incomplete frequency information [J]. IEEE Transaction on Information Theory, 2006, 52 (2): 489-509.

[20]　Tao J, Zheng Y R, Xiao C, et al. Robust MIMO underwater acoustic communications using turbo block decision-feedback equalization [J]. IEEE Journal of Oceanic Engineering, 2010, 35 (4): 948-960.

[21]　Berger C R, Zhou S, Preisig J, et al. Sparse channel estimation for multicarrier underwater acoustic communication: From subspace methods to compressed sensing [J]. IEEE Transaction Signal Processing, 2010, 58(3): 1708-1721.

第3章 自适应水声信道估计

水声信道中广泛存在着反射、折射、散射、相位畸变、多普勒效应、声线弯曲、混响、噪声等现象，给水声通信系统的研究和设计带来了极大的困难。特别是作为典型的时变多径信道，水声信道时变多径引起的严重码间干扰使接收信号产生复杂的畸变，体现为接收信号在时间、频域均呈现选择性衰落，从而造成通信性能急剧下降。针对这一水声通信中的瓶颈问题，从水声通信接收机设计的角度有不同的解决手段，其中，利用信道估计获取信道特性并实现接收机与水声信道的适配这一思路得到了较为广泛的研究。在这种技术思路下，接收机通过对水声信道进行实时估计并据此及时优化、调整接收处理方式，使之达到与信道相匹配，从而抑制水声信道的影响，提高接收机性能。

无线通信领域最简单和常用的信道估计器是线性自适应滤波器，自适应滤波器常用的一种权系数更新算法是最小二乘（least mean square，LMS）算法[1]，在恒定或缓变信道下，经典 LMS 算法可以获得较好的估计性能，但在快变信道下，LMS 算法跟踪性能不佳[2]。而水声信道是典型的具有复杂时变特性的多径信道，这也是水声信道估计算法研究中必须充分考虑的因素，本章将介绍在自适应滤波器框架内考虑水声信道时变、稀疏特点的信道估计算法设计。

当可获知信道时变特性的先验知识时，为改善估计算法对时变信道的跟踪估计性能，可采用二阶动态马尔可夫过程对时变信道进行建模，基于此，Gazor[2] 提出了二阶最小二乘（second-order least mean square，SOLMS）算法，这种自适应算法分两步实现，第一步跟传统 LMS 算法一致，第二步包含对权值向量增量的估计和对下次迭代时权值的预测。这种两步自适应算法计算上的高效（特别是当采用块处理技术时，如频域分块 LMS 算法）以及快速跟踪能力，使它得到了广泛的应用。文献[3]中给出了一种变步长 SOLMS 算法的实现方法。

研究结果表明，SOLMS 算法的跟踪性能比 LMS 算法好，但在收敛模式下，SOLMS 算法振荡比较大，使得其收敛速度比 LMS 算法慢[4]。针对时变多径水声信道，在自适应估计算法的框架下 3.1 节介绍了一种收敛模式下用 LMS 算法获得信道的参数，收敛后切换成 SOLMS 算法来跟踪信道变化的信道估计方法。该方法结合了 LMS 算法收敛快、稳定性好和 SOLMS 算法跟踪性能好的优点。

由于具有典型的时间-频率双重选择性扩展，水声信道的高效、准确估计极具挑战性[1-4]，而其冲激响应中往往仅有少数几个大值系数，其余大部分则为零或接近零的小值系数，结合稀疏特性改善信道估计性能具有重要的理论意义和实用价值，已引起广泛关注[5-7]。

其中，MP 算法[7]将残留信号用于最大化混合矩阵列向量的相关运算，将其对稀疏信道抽头进行逐个估计，但该算法无法保证理论最优解，且过完备字典中原子数目太大，而每次匹配选取最佳原子的个数只有一个，使得选取过程中匹配选取的次数过多，MP 算法的计算复杂度高；同时，经典 MP 算法需已知稀疏信道的大值抽头数，这在很多实际应用场合是不可能的。

Li 等[8]、Zeng 等[9]采用时延-多普勒扩展模型分别结合 MP 算法、投影梯度算法改善了对快速时变稀疏信道的估计性能，但由于需在时延-多普勒二维参数空间寻优，当信道多径时延扩展大或多普勒扩展大时运算复杂度将急剧增高。例如，在某些典型水声信道中该方法将要求信道参数长度增至 1000 维[8, 10]。

童峰和陈东升等[11, 12]将稀疏水声信道多径径数、时延及幅度组成多径参数模型，并引入进化优化算法对非线性多径参数模型进行全局寻优，但由于多径参数模型的解空间将随着径数的增多而急剧增大，该方法在信道多径径数较多时性能明显下降。

文献[13]~[19]先后将范数约束（l_1 范数或 l_0 范数）引入 LMS 代价函数中，从而以较低的运算复杂度开销加快算法对稀疏系统中非零系数的收敛，特别是适合于具有较长多径时延扩展的水声信道。然而，当水声信道中由于工作位置、深度及水文条件等变化造成多径稀疏度发生变化时[10]，l_1 范数和 l_0 范数约束项本身并无针对稀疏度的调整因子，该类算法的性能将受到较大影响[17]；同时，l_1 范数和 l_0 范数算法约束项对大值抽头的检测实际上仍依赖于某种硬门限，这也造成了这类算法对微弱多径的检测能力不高。

针对这一问题，Wu 和 Tong[20]将似 p 范数[21]引入 LMS 的代价函数，导出 p 值可变的似 p 范数约束 LMS 算法，通过 p 值的调整改善了对不同稀疏程度的适应性能，但由于似 p 范数迭代需要进行复杂的小数指数运算，在实际应用中算法的实现受一定限制。

3.4 节将介绍作者科研团队在自适应信道估计器中引入考虑水声信道结构特性的稀疏约束来提高估计性能的探索。具体地，通过引入非均匀范数约束并推导出由一系列 l_0 或 l_1 范数元素组成的非均匀范数约束 LMS（non-uniform norm constraint LMS，NNCLMS）算法系数迭代公式[22]，通过权向量中大小不同的幅值产生不同 l_0、l_1 组合形式的非均匀范数进行不同稀疏程度下的约束调整，从而避免使用硬阈值造成的对微弱多径的检测性能下降，并可提供对稀疏度变化信道的适应能力；该算法在降低运算复杂度的同时，提高了收敛速度、降低了稳态失调误差。3.4 节还将分析 NNCLMS 算法的收敛性能，并利用该算法提供的稀疏度适应性进行稀疏度变化水声信道估计，不同接收深度水声信道的仿真和海试实验验证了该算法可提高水声信道估计中对稀疏度变化的容忍性。

3.1　LMS 算法及 SOLMS 算法简介

假设图 3.1 中的信道是一个 k 时刻输入向量为 X_k、权向量为 H_k 的滤波器，它的期望信号是 $d_k = H_k^{\mathrm{H}} X_k + N_k$，其中 N_k 代表噪声。图 3.1 为自适应信道估计器的框图。自适应算法根据误差信号 e_k，不断对权向量 H_k 的估计值 W_k 进行修正。

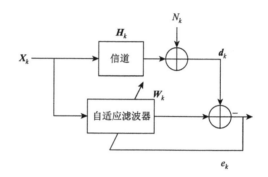

图 3.1　基于训练序列的自适应信道估计器框图

在自适应均衡和信道估计中，应用最广的自适应算法是 LMS 算法，它是 Widrow 在 20 世纪 60 年代初提出的[1]。LMS 算法的形式为

$$W_{k+1} = W_k + \mu X_k e_k \tag{3.1}$$

式中，W_{k+1} 是第 $k+1$ 步迭代（即时刻 $k+1$）的权向量；误差信号 e_k 定义为期望输出 d_k 与自适应滤波器实际输出之间的误差，即 $e_k = d_k - W_k^{\mathrm{T}} X_k$；$\mu$ 是迭代的更新步长；X_k 是输入向量。

如果权向量的变化量 $\bar{W}_k = W_{k+1} - W_k$ 与权向量 W_{k+1} 相关联，就可以利用这个信息来预测 W_{k+1}，从而改善跟踪性能，这是 SOLMS 算法跟踪性能优于传统的 LMS 算法的一个原因。

SOLMS 算法是通过对权向量采用二阶马尔可夫过程[23]进行建模、简化卡尔曼滤波算法得到的，将卡尔曼滤波算法方程中的矩阵增益用常数代替，就得到如下 SOLMS 算法的迭代方程：

$$\bar{W}_{k+1} = \bar{W}_k + \alpha\mu X_k e_k \tag{3.2}$$

$$W_{k+1} = W_k + \bar{W}_{k+1} + \mu X_k e_k \tag{3.3}$$

3.2　时变信道混合估计算法

跟踪模式是自适应算法的稳态运行,它紧跟着收敛模式,收敛模式是一种暂态现象。因此,在跟踪开始之前,算法必须获得系统的参数。这有两个含义:首先,收敛速度一般是与跟踪行为无关的,在迭代次数(或步数)相当大时我们分析跟踪行为;其次,参数随时间的变化与算法收敛速度相比足够小,使算法能进行适当地跟踪,否则它将不断地获取参数[24]。

在信道均衡和估计中,LMS 算法收敛速度快,但跟踪性能较差。SOLMS 算法跟踪性能好,但实验表明在收敛过程中 SOLMS 算法表现出明显的振荡特性,因而其收敛速度较慢。基于 LMS 算法和 SOLMS 算法的特点,本节设计了一种收敛模式下用 LMS 算法获得信道的参数、收敛后切换成 SOLMS 算法跟踪信道变化的混合型信道估计方法。这种方法结合了 LMS 算法和 SOLMS 算法的优点。

收敛模式下,在算法的每次迭代过程中,定义 k 时刻估计所得信道冲激响应各抽头系数与 $k-1$ 时刻迭代的各抽头系数之间差值的绝对值均值为 k 时刻算法收敛指数(记为 E_k),由 E_k 来判断算法的收敛情况。收敛指数 E_k 的数学表达式为

$$E_k = \frac{1}{M}\left(\sum_{i=1}^{M}\left|W_k(i)-W_{k-1}(i)\right|\right) \tag{3.4}$$

式中,M 表示信道的阶数;$W_k(i)$ 表示信道的估计值;k 表示迭代次数;i 表示信道冲激响应抽头系数的序号。

取 ε 为设定的收敛指数阈值,当 $E_k \geqslant \varepsilon$ 时,迭代还没有收敛,取式(3.2)中的 $\alpha = 0$,迭代过程采用 LMS 算法,避免了迭代过程中抽头系数的振荡;随着迭代的进行,E_k 越来越小,当 $E_k < \varepsilon$ 时,收敛过程结束,进入跟踪模式,式(3.2)中的 α 取一个设定的值,迭代过程采用 SOLMS 算法,从而更好地跟踪信道的变化。混合型方法系数迭代公式为

$$\begin{cases} W_{k+1} = W_k + \mu X_k e_k, & E_k \geqslant \varepsilon \\ \overline{W}_{k+1} = \overline{W}_k + \alpha\mu X_k e_k, & W_{k+1} = W_k + \overline{W}_{k+1} + \mu X_k e_k, & E_k < \varepsilon \end{cases} \tag{3.5}$$

3.3　算法仿真

仿真中采用文献[21]中的海洋水声信道模型。该模型的参数为:海深 54.9m,海面声速为 1475m/s,海底声速为 1467m/s;声源布放深度为 18.30m,发射频率为 15kHz;接收点深度为 15.2m,距离声源为 5km,通信速率为 1kbit/s。选用声压幅度较大的 6 条本征声线[21],信道的脉冲响应由式 $c(t) = \sum_i \alpha_i p(t-\tau_i)$ 计算,式

中，α_i 是对应于不同本征声线的声压幅值；τ_i 为相对时延；$p(t)$为滚降系数为 20% 的升余弦脉冲。将该信道归一化后，信道脉冲响应表示为 $h_0 = [1, -0.0509, 0.0049, 0.1351, 0.6565, 0.4899, 0.1876, -0.0367]$。

在信道仿真实验中，取 LMS 算法 $\mu = 0.02$，SOLMS 算法 $\mu = 0.02$，$\alpha = 0.05$，收敛指数阈值为 $\varepsilon = 0.01$。噪声为加性高斯白噪声，信噪比为 10dB。发送的数据序列由独立同分布的{-1, 1}比特流组成，前 500 个序列周期期间信道恒定，使 LMS 算法和 SOLMS 算法达到收敛。从第 501 个序列周期开始，设定信道响应中幅度较大的第 1 阶、第 5 阶和第 6 阶每隔 L 个序列周期按照正弦规律变化，其余各阶保持不变。即仿真时变信道的数学表达式为

$$\begin{cases} h(i) = h_0, & i < 500 \\ h(i) = h_0 + [\sin(2\pi k/20),0,0,0,\sin(2\pi k/20),\sin(2\pi k/20),0,0], & 500+(k-1)L+1 \leqslant \\ & i \leqslant 500+kL, \ k=1,2,\cdots,40 \end{cases}$$

$$(3.6)$$

图 3.2（a）、（b）分别为信道每隔 30 个和 60 个序列周期 [即式（3.6）中 $L = 30$ 和 $L = 60$] 变化时 LMS 算法、SOLMS 算法和混合型方法的均方误差（mean square error，MSE）曲线，图 3.3（a）、（c）、（e）分别为信道每隔 30 个序列周期变化时 LMS 算法、SOLMS 算法和混合型方法对信道第 1、5、6 阶跟踪情况的比较。图 3.3（b）、（d）、（f）为信道每隔 60 个序列周期变化时跟踪情况的比较。

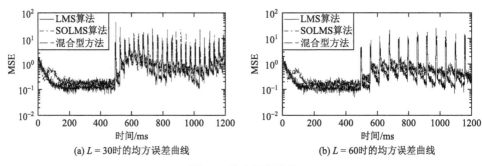

(a) $L = 30$时的均方误差曲线　　　　　　　(b) $L = 60$时的均方误差曲线

图 3.2　均方误差曲线

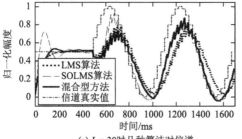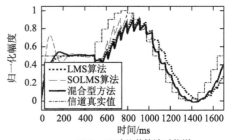

(a) $L = 30$时几种算法对信道
第1阶变化的跟踪情况的比较

(b) $L = 60$时几种算法对信道
第1阶变化的跟踪情况的比较

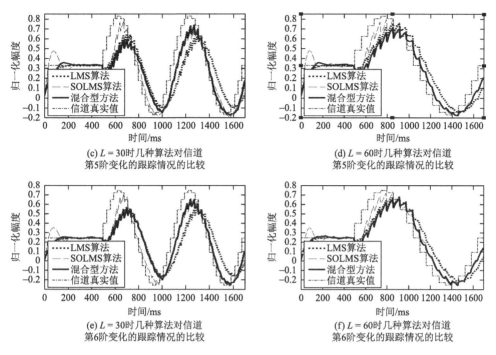

(c) L = 30时几种算法对信道
第5阶变化的跟踪情况的比较

(d) L = 60时几种算法对信道
第5阶变化的跟踪情况的比较

(e) L = 30时几种算法对信道
第6阶变化的跟踪情况的比较

(f) L = 60时几种算法对信道
第6阶变化的跟踪情况的比较

图 3.3　几种算法对信道变化跟踪情况的比较

由图 3.2 可以看出，在收敛模式下，SOLMS 算法振荡地收敛，因而收敛速度比 LMS 算法慢，在稳定时的均方误差值也比 LMS 算法稍大；混合型方法则克服了收敛过程中的振荡，收敛速度变快，曲线接近 LMS 算法。

由图 3.3（a）、（c）、（e）可以看出，当信道每隔 30 个序列周期变化时，对于信道的第 1、5 和 6 阶，收敛模式下混合型方法和 LMS 算法的估计值稳步接近真实值；由于 SOLMS 算法是振荡收敛的，SOLMS 算法的估计值围绕真实值持续振荡了一段时间后趋向收敛，在跟踪模式下，SOLMS 算法和混合型方法跟踪的曲线与变化的真实曲线比较接近，而 LMS 算法跟踪的曲线则有一定的偏差。由图 3.3（b）、（d）、（f）可以看出，当信道每隔 60 个序列周期变化时，三种算法跟踪的曲线都与变化的真实曲线接近，同时 SOLMS 算法和混合型方法跟踪的曲线又优于 LMS 算法跟踪的曲线。因此，在仿真的两种信道时变情况下，SOLMS 算法的跟踪性能都优于 LMS 算法；而混合型方法在继承 SOLMS 算法跟踪好的优点的同时，克服了收敛过程中振荡的缺点。

文献[25]从减小运算量的目的出发，提出了一种在收敛模式下采用跟踪时变信道能力强的平方根卡尔曼算法，而在跟踪模式下采用具有一定跟踪性能且运算量较小的 LMS 算法，从而得到了一种新型的混合自适应均衡算法。相对地，本节提出的信道估计混合方法在跟踪模式下采用了 SOLMS 算法，因而跟踪性能好于这种均衡算法，虽然运算量略有增加，但随着数字信号处理技术的发展，本节的混合型方法同样可以利用 DSP 或现场可编程门阵列（field programmable gate array，FPGA）实现实时处理，从而为快变的水声信道数据传输进行信道实时估计或均衡提供一种有效的途径。

本节首先介绍了信道跟踪中常用的 LMS 算法和 SOLMS 算法。SOLMS 算法跟踪性能好于 LMS 算法，但由于收敛阶段的振荡性，SOLMS 算法的收敛速度较 LMS 算法要慢。针对 SOLMS 算法的这种缺点，本节提出了新的混合型方法，即在收敛模式下采取 LMS 算法获得信道的参数，并通过引入收敛指数判断算法收敛与否，当信道收敛进入跟踪模式后，切换成 SOLMS 算法跟踪信道的变化。时变多径水声信道估计的仿真实验结果表明，混合型方法结合了 LMS 算法和 SOLMS 算法的优点，具有收敛速度快、稳定性好和跟踪性能好的特点。

3.4 NNCLMS 算法

3.4.1 算法描述

定义非均匀范数为[22]

$$\| \boldsymbol{w}(n) \|_{p,L}^{p} = \sum_{i=1}^{L} |w_i(n)|^{p_i}, \quad 0 \leqslant p_i \leqslant 1 \tag{3.7}$$

式中，$\boldsymbol{w}(n)$ 表示 n 时刻待优化的滤波器抽头系数，即 $\boldsymbol{w}(n)$ 中的 L 个元素采用不同的 p 值并求和组成非均匀范数；L 表示滤波器长度。定义代价函数为

$$J_n'(\boldsymbol{w}) = \left| d(n) - \boldsymbol{x}^{\mathrm{T}}(n)\boldsymbol{w}(n) \right|^2 + \gamma \| \boldsymbol{w}(n) \|_{p,L}^{p} \tag{3.8}$$

则根据梯度优化，信道估计器的权系数迭代公式为

$$\begin{aligned} w_i(n+1) &= w_i(n) + \mu e(n)x(n-i) \\ &\quad + \kappa G_p'(i,n), \quad \forall 0 \leqslant i < L \end{aligned} \tag{3.9}$$

式中，$\kappa = \mu\gamma > 0$ 是步长参数和平衡因子相乘得到的参数；$e(n)$ 为期望信号 $d(n)$ 与滤波器输出信号 $\boldsymbol{x}^{\mathrm{T}}(n)\boldsymbol{w}(n)$ 之差，表示为 $e(n) = d(n) - \boldsymbol{x}^{\mathrm{T}}(n)\boldsymbol{w}(n)$；$G_p'(i,n)$ 为约束项的梯度：

$$G_p'(i,n) = \frac{p_i \operatorname{sgn}(w_i(n))}{|w_i(n)|^{1-p_i}}, \quad \forall 0 \leqslant i < L \tag{3.10}$$

采用权系数向量的期望 $E(|w_i(n)|)$ 作为"大""小"值 $w_i(n)$ 的区分界限，则可借助非均匀范数中的 p_i 参数进行估计偏差和稀疏约束作用的折中优化。对"小"

值 $w_i(n)$，权系数迭代中范数约束产生一个零吸引作用加快收敛；而对"大"值 $w_i(n)$，范数约束引入的零吸引作用趋于消失以减小估计偏差。即

$$\begin{cases} \lim\limits_{p_i \to 0} \dfrac{\kappa p_i \, \mathrm{sgn}(w_i(n))}{|w_i(n)|^{1-p_i}} = 0, & |w_i(n)| > E(|w_i(n)|) \\[3mm] \lim\limits_{p_i \to 1} \dfrac{\kappa p_i \, \mathrm{sgn}(w_i(n))}{|w_i(n)|^{1-p_i}} = \kappa \, \mathrm{sgn}(w_i(n)), & |w_i(n)| \leqslant E(|w_i(n)|) \end{cases} \tag{3.11}$$

由此分析，最终得到滤波器向量更新公式为

$$\begin{aligned} w_i(n+1) = w_i(n) &+ \mu e(n)x(n-i) \\ &- \kappa f \, \mathrm{sgn}(w_i(n)), \quad \forall 0 \leqslant i < L \end{aligned} \tag{3.12}$$

式中，f 定义为

$$f = \frac{\mathrm{sgn}(E[|w_i(n)|] - |w_i(n)|) + 1}{2}, \quad \forall 0 \leqslant i < L \tag{3.13}$$

同时，在式（3.13）的基础上可对非均匀范数约束项进行复加权以进一步减少估计偏差，因此，NNCLMS 算法权系数更新表达式为

$$\begin{aligned} w_i(n+1) = w_i(n) &+ \mu e(n)x(n-i) \\ &- \frac{\kappa f \, \mathrm{sgn}(w_i(n))}{1 + \varepsilon |w_i(n)|}, \quad \forall 0 \leqslant i < L \end{aligned} \tag{3.14}$$

式中，$\varepsilon > 0$ 是一个控制复加权强度的常数。

NNCLMS 算法中参数 κ、ε 对算法性能有一定影响：参数 κ 反映了零吸引的力度[16-20]，参数 κ 越大，引起的稳态失调也越大，当然其收敛速度也越快，因此参数 κ 的选择需要在收敛速度和收敛质量之间权衡；复加权系数 ε 可调整复加权的力度以减少估计算法的有偏程度，同时，复加权系数 ε 越大，零吸引力越弱，因此复加权系数 ε 需要在减弱有偏程度和零吸引力之间权衡。

本节算法与标准 LMS 算法及 l_0-LMS[16]、l_1-LMS[19]这两种经典范数约束 LMS 算法的计算复杂度比较如表 3.1 所示。由表 3.1 可见，与经典 l_0-LMS、l_1-LMS 算法相比，本小节算法仅带来少量的计算量增加。

表 3.1　各算法每次迭代的计算量

算法名称	加法	乘法	符号运算
LMS	$2L$	$2L+1$	NA
l_1-LMS	$3L$	$2L+1$	L
l_0-LMS	$3L$	$2L$	NA
NNCLMS	$3L+3$	$2L+3$	L

3.4.2　算法收敛性分析

本节对 NNCLMS 算法进行收敛性分析。定义抽头误差向量为

$$v(n) = w(n) - w_o \tag{3.15}$$

式中，w_o 是经典 LMS 算法的最优抽头值。式（3.15）左右两边同时减去 w_o，结合式（3.14）可得

$$E(v(n+1)) = (I - \mu R)E(v(n)) - \frac{\kappa f \, \mathrm{sgn}(w(n))}{1 + \varepsilon |w(n)|} \tag{3.16}$$

式中，$R = x(n)x(n)^{\mathrm{T}}$；$I$ 是单位矩阵；而向量 $\dfrac{\kappa f \, \mathrm{sgn}(w(n))}{1 + \varepsilon |w(n)|}$ 是介于 $\dfrac{-\kappa}{1 + \varepsilon |w_i(n)|}$ 和 $\dfrac{\kappa}{1 + \varepsilon |w_i(n)|}$ 之间的一个项。因此，如果算法的步长值 μ 满足

$$0 < \mu < \frac{1}{\lambda_{\max}} \tag{3.17}$$

式中，$\lambda_{\max}$ 是矩阵 $I - \mu R$ 的最大特征值。则 $E(v(n))$ 收敛。

由此证明了 NNCLMS 算法的收敛性。

3.5　仿　真　实　验

本节设计数值仿真实验，通过不同深度导致的水声信道稀疏度变化分析 NNCLMS 算法性能，并与 LMS、l_0-LMS、l_1-LMS 等传统算法进行对比。实验采用稀疏比（sparse ratio，SR）量化评估仿真水声信道的稀疏度，SR 定义为非零抽头的个数除以全部抽头的个数得到的比值。

仿真实验采用 BELLHOP 射线模型产生仿真水声信道[26]，设置为：均匀声速，距离为 1000m，水深 200m，发射深度 100m，接收深度分别为 100m、60m、20m。声线最大数目设置为 800 条，发射声源角度设置为 –60°～60°。每条声线最小搜索角是 0.15°。仿真中设定每隔 5000 个码元改变接收机深度从而产生 3 个对应不同接收深度的水声信道。实验中发射随机码元，码元速率为 8kbit/s。

图 3.4 给出了 3 个不同接收深度下收发本征声线。由图 3.4 可以看出随着深度变化，水声信道径数不断增加造成稀疏度变化。仿真水声信道阶数为 250，则其稀疏程度变化可通过 SR 值的变化来体现：在 1、5001、10001 点的位置对应的 SR 值为 2/250、3/250、5/250。该三个阶段对应的仿真水声信道响应如图 3.5 所示。

为了便于性能比较,实验中,各算法的估计器长度设置为 250。调整各算法的参数使得各算法 MSE 最优,对应的各参数如表 3.2 所示。

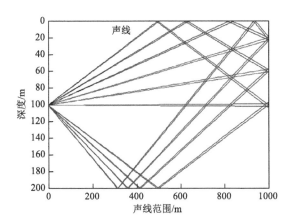

图 3.4　BELLHOP 模型中 3 个不同接收深度对应的声线(彩图附书后)

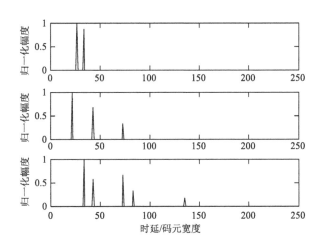

图 3.5　BELLHOP 模型中 3 个不同接收深度对应的信道响应

表 3.2　仿真实验各算法参数

算法名称	μ	κ	ε
LMS	0.005	NA	NA
l_1-LMS	0.005	0.0004	NA
l_0-LMS	0.005	0.0005	NA
NNCLMS	0.005	0.0006	2

　　仿真结果如图 3.6 所示,因仿真信道设置为稀疏度分别在 1、5001、10001 点处变化,相应地可以看到信道稀疏度变化引起算法 MSE 在对应点的突变现象,随后 5000 点长度的迭代中各算法收敛精度各有差异。从图 3.6 可以看出,施加稀疏约束后的 LMS 各类改进版本都比经典 LMS 算法表现更好,尤其是 NNCLMS 算法比 l_0-LMS 算法、l_1-LMS 算法性能更加优越。其中,固定范数约束类算法(l_0-LMS、l_1-LMS)在 SR 增加时,该类算法通过稀疏约束项获取的性能改善减小;而范数约束项包含调节机制的 NNCLMS 算法由于可通过对范数约束的调节来适应信道的不同稀疏程度,表明 NNCLMS 算法对不同的稀疏性具有更好的适应性。

　　同时,对于水声信道的时变特性,信道估计算法的收敛速度体现了对时变信道的跟踪性能,图 3.6 体现出本节算法收敛性优于 l_1-LMS 算法和 LMS 算法,与 l_0-LMS 算法收敛速度接近,而本节介绍的 NNCLMS 算法的 MSE 性能表现最优。

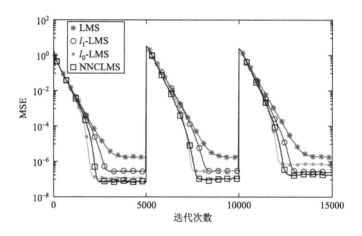

图 3.6　不同 SR 下不同算法的 MSE 曲线

3.6　海　试　实　验

　　算法的海试实验采用正交相移键控(quadrature phase shift keying,QPSK)调制信号,信号载波频率为 16kHz,采样率为 96ks/s,通信速率为 6.4kbit/s,发射随机序列。实验海域为厦门某海域,平均水深 8m,发射机和接收机之间的距离为 2km;发射换能器深度 7m,接收换能器初始深度 4m,在实验过程中接收换能器进行了深度调整,造成信道多径稀疏度发生变化。

　　由于信道估计的目的是通过估计获取信道响应以构造信道均衡器改善通信性能,信道估计的准确度将决定均衡器的性能以及通信质量。因此,本节海试实验中各类算法所获得的信道响应将通过 LMMSE 均衡器来实现码元恢复,并采用误比特率（bit-error rate，BER）作为指标进行信道估计算法性能评估[27]。LMMSE 均衡器的输入输出关系可以写成[27]

$$\hat{s} = (\boldsymbol{H}^{\mathrm{H}}\boldsymbol{H} + \sigma_w^2\boldsymbol{I})^{-1}\boldsymbol{H}^{\mathrm{H}}x \tag{3.18}$$

式中，$\boldsymbol{I}$ 表示单位矩阵；$\boldsymbol{H}$ 为算法估计获取的水声信道冲激响应；σ_w 表示噪声能量的参数。由于 LMMSE 均衡器是基于信道估计结果获得，以输出信噪比和误比特率从通信角度可评估信道估计方法性能。

实验中 LMMSE 均衡器长度为 100，与信道估计器阶数相同，采用 1/2 分数间隔结构。由于实验水声信道表现出时变特性，每 50 个符号保存一次信道估计结果用于更新 LMMSE 均衡器以适应信道时变；同时，考虑到在每次信道估计更新后的 50 个符号内进行的是固定系数 LMMSE 均衡，无法补偿此时间范围内信道时变造成的残余多径，为此在 LMMSE 均衡器后级联一个阶数为 6、遗忘因子为 0.995 的 1/2 分数间隔结构递归最小二乘法（recursive least-squares，RLS）均衡器，用来对这部分信道时变进行辅助补偿，抑制残余多径。此 RLS 均衡器在独立工作时无法达到均衡效果。

为方便进行性能对比，在 LMMSE 均衡实验中各信道估计算法根据将均衡器稳定收敛后输出信噪比调至大致相同进行设置，具体参数如表 3.3 所示。MP 算法[25]设定的多径径数为 5。

表 3.3　LMMSE 均衡实验各算法参数

算法名称	μ	κ	ε
LMS	0.0004	NA	NA
l_1-LMS	0.0007	0.00007	NA
l_0-LMS	0.0007	0.00007	NA
NNCLMS	0.0020	0.00020	2

图 3.7（a）～（e）分别给出了 LMS、NNCLMS、l_1-LMS、l_0-LMS 以及 MP 算法[25]的信道估计结果，图 3.7（f）给出了以 QPSK 随机发射序列作为参考信号进行窗长为 1s、滑动步长为 0.25s 的滑动窗匹配滤波获取的时变信道响应结果。从图 3.7（f）中可以看出，在数据开始约 0.7s 处，由于换能器深度调整呈现较明显的多径稀疏分布变化，在图 3.7 信道响应的时延扩展约 3ms 处从两个较明显多径变化为一个较强多径，同时在 12ms 的时延扩展范围内存在 4 条较弱多径。

从图 3.7 可以看出，LMS 算法估计结果较好地体现了信道的结构、径数变化，但收敛较慢，且输出明显的估计噪声；相对 LMS 算法，采用稀疏约束的 l_0-LMS、l_1-LMS、NNCLMS 以及 MP 算法对信道响应非零抽头处的噪声成分具有明显的抑制作用，其中，l_0-LMS、l_1-LMS 算法显示出对强多径的检测性能，但对弱多径估计效果较差；MP 算法估计结果分布在信道实际多径及其邻近位置，且弱多径未被充分检测；NNCLMS 算法则体现了较快的收敛速度、对估计噪声的抑制，以及在检测强多径的同时对弱多径的检测性能。

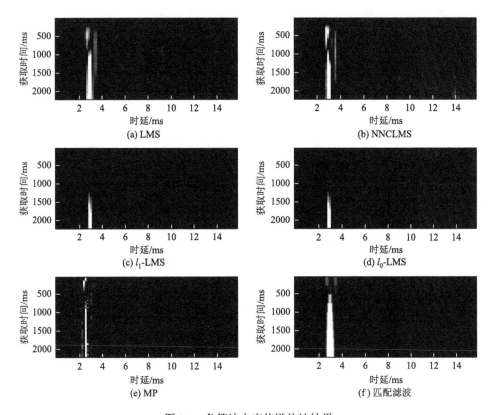

图 3.7　　各算法水声信道估计结果

实验中为了反映信道稀疏度变化条件下 LMMSE 均衡的性能，每隔 200 个符号测量一次输出信噪比以评估均衡效果。图 3.8 给出了海试实验 LMMSE 均衡器输出信噪比曲线。从图 3.8 可以看出，信道多径结构变化前，使用各估计算法获取的信道响应构造 LMMSE 均衡器时，LMS 算法对应的 LMMSE 均衡器输出信噪比提升速度较慢，采用稀疏约束的 l_0-LMS、l_1-LMS、NNCLMS 以及 MP 算法则对应较快的收敛速度，其中 NNCLMS 算法略好于另外三种算法，与 3.5 小节仿真结论基本一致，MP 算法因为未检测出微弱多径且引入一定噪声，收敛后输出信噪比仍较低。

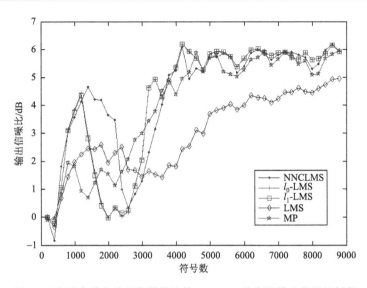

图 3.8 海试实验中基于信道估计的 LMMSE 均衡器输出信噪比性能

图 3.9 给出了海试实验中对应图 3.8 的各算法误比特率评价性能对比情况。从图 3.9 中可以看出，信道多径结构变化前，使用各估计算法获取的信道响应构造 LMMSE 均衡器时，LMS 算法对应的 LMMSE 均衡器对应的 BER 较大，采用稀疏约束的 l_0-LMS、l_1-LMS、NNCLMS 以及 MP 算法则能较快降低 BER，其中 NNCLMS 算法的 BER 略低于另外三种算法，该结果与数值仿真以及图 3.8 的结论基本一致。

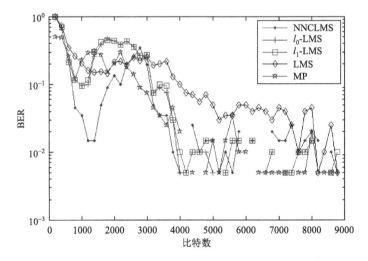

图 3.9 海试实验中基于信道估计的 LMMSE 均衡器的误比特率性能

在接收换能器深度变化导致信道稀疏度变化期间：LMS 算法由于对信道强、弱多径不加分辨进行迭代，其对应 LMMSE 均衡器性能受多径稀疏分布变化的影响较小，但非零抽头处大量估计噪声造成其输出信噪比及误比特率均出现整体偏差；由于未能检测出较弱多径，在多径结构变化期间 l_0-LMS、l_1-LMS 算法对应均衡性能呈现明显的恶化；而 NNCLMS 算法由于可根据权值大小改变非均匀范数中 l_0、l_1 元素的分布从而改善对稀疏度变化的适应性，并能较好地检测出信道中的弱多径分量，在所有比较算法中本章算法构造 LMMSE 均衡器的输出信噪比和误比特率性能均受多径稀疏度变化影响最小，体现了对多径稀疏度变化较好的适应能力。

为了提高稀疏度变化条件下水声信道的估计性能，本章引入 NNCLMS 算法并对其进行收敛性分析，该算法通过在 LMS 算法代价函数中引入一系列 l_0 或 l_1 范数元素组成的非均匀范数约束项，并根据抽头系数而给予不同的约束，从而以较小的运算开销改善对不同稀疏度的适应性。在信道稀疏度变化条件下的仿真和海试实验验证了本章算法在水声信道估计中应用的优越性。

3.7　小　　结

本章介绍了针对水声信道多径的动态特性和稀疏特性，采用逐符号估计策略对水声信道冲激响应进行自适应迭代估计的工作。在经典 LMS 自适应算法的框架下，分别针对两类不同的思路：基于动态权值预测的 SOLMS 算法以及两种近似范数约束自适应算法 p-LMS、NNCLMS 算法，给出了算法推导、仿真及实验验证，表明了所介绍自适应水声信道估计方法的有效性。

参 考 文 献

[1] Farhang-Boroujeny B，Gazor S. Performance of LMS-based adaptive filters in tracking a time-varying plant[J]. IEEE Transactions on Signal Processing，1996，44（11）：2868-2871.

[2] Gazor S. Prediction in LMS-type adaptive algorithms for smoothly time varying environments[J]. IEEE Transactions on Signal Processing，1999，47（6）：1735-1739.

[3] Xue Y，Zhu X. Wireless channel tracking based on self-tuning second-order LMS algorithm[J]. IEEE Proceedings-Communications，2003，150（2）：115-120.

[4] Shahtalebi K，Gazor S，Pasupathy S，et al. Second-order H∞ optimal LMS and NLMS algorithms based on a second-order Markov model[J]. IEEE Proceedings-Vision, Image, and Signal Processing，2000，147（3）：231-237.

[5] Haykin S. 自适应滤波器原理[M]. 4 版. 郑宝玉，译. 北京：电子工业出版社，2003：504-526.

[6] 杨晓东. 水声数据高速传输技术的研究[D].西安：西北工业大学，1998.

[7] 刘莹. 一种新型混合自适应均衡算法的研究[J]. 无线电通信技术，2003，29（1）：30-32.

[8] Li W，Preisig J C. Estimation of rapidly time-varying sparse channels[J]. IEEE Journal of Oceanic Engineering，2007，32（4）：927-939.

[9]　Zeng W J, Xu W. Fast estimation of sparse doubly spread acoustic channels[J]. Journal of the Acoustical Society of America, 2012, 131 (1): 303-317.

[10]　Konstantinos P, Mandar C. New sparse adaptive algorithms based on the natural gradient and the l_0-norm[J]. IEEE Transactions on Signal Processing, 2013, 38 (2): 323-332.

[11]　童峰, 许肖梅, 方世良. 一种单频水声信道多径时延估计算法[J]. 声学学报, 2008, 33 (1): 62-68.

[12]　陈东升, 李霞, 方世良, 等. 基于参数模型和混合优化的时变水声信道跟踪[J]. 东南大学学报, 2010, 40 (3): 459-463.

[13]　Gu Y, Jin Y, Mei S. l_0 norm constraint LMS algorithm for sparse system identification[J]. IEEE Signal Processing Letters, 2009, 16 (9): 774-777.

[14]　Jin J, Gu Y, Mei S. A stochastic gradient approach on compressive sensing signal reconstruction based on adaptive filtering framework[J]. IEEE Journal of Selected Topics in Signal Processing, 2010, 4 (2): 409-420.

[15]　曲庆, 金坚, 谷源涛. 用于稀疏系统辨识的改进 l_0-LMS 算法[J]. 电子与信息学报, 2011, 33 (3): 604-609.

[16]　Su G, Jin J, Gu Y, et al. Performance analysis of l_0 norm constraint least mean square algorithm[J]. IEEE Transactions on Signal Processing, 2012, 60 (5): 2223-2235.

[17]　Chen Y, Gu Y, Hero A O. Sparse LMS for system identification[C]. 2009 IEEE International Conference on Acoustics, Speech and Signal Processing, Taibei, 2009: 3125-3128.

[18]　Shi K, Shi P. Adaptive sparse Volterra system identification with l_0-norm penalty[J]. Signal Processing, 2011, 91 (10): 2432-2436.

[19]　Shi K, Shi P. Convergence analysis of sparse LMS algorithms with l_1-norm penalty based on white input signal[J]. Signal Processing, 2010, 90 (12): 3289-3293.

[20]　Wu F Y, Tong F. Gradient optimization p-norm-like constraint LMS algorithm for sparse system estimation[J]. Signal Processing, 2013, 93 (4): 967-971.

[21]　Rao B D, Delgado K K. An affine scaling methodology for best basis selection[J]. IEEE Transactions on Signal Processing, 1999, 47 (1): 187-200.

[22]　Wu F Y, Tong F. Non-uniform norm constraint LMS algorithm for sparse system identification[J]. IEEE Communications Letters, 2013, 17 (2): 385-388.

[23]　Kalouptsidis N, Mileounis G, Babadi B, et al. Adaptive algorithms for sparse system identification[J]. Signal Processing, 2011, 91 (8): 1910-1919.

[24]　Angelosante D, Bazerque J A, Giannakis G B. Online adaptive estimation of sparse signals: Where RLS meets the l_1-norm[J]. IEEE Transactions on Signal Processing, 2010, 58 (7): 3436-3447.

[25]　Cotter S F, Rao B D. Sparse channel estimation via matching pursuit with application to equalization[J]. IEEE Transactions on Communications, 2002, 50 (3): 374-377.

[26]　Qarabaqi P, Stojanovic M. Acoustic channel simulator[EB/OL]. http://oalib.hlsresearch.com/Rays/[2015-07-12].

[27]　Stojanovic M. Retrofocusing techniques for high rate acoustic communications[J]. Journal of the Acoustical Society of America, 2005, 117 (3): 1173-1185.

第4章　水声信道的结构参数估计

　　水声信道引入的多径干扰是水声通信及各类声呐系统研究、设计的主要障碍，提高多径时延精度对水声通信、声呐系统改善工作性能具有重要的意义。经典的多径时延估计有匹配滤波方法，通过检测接收信号对于发射信号的相关峰位置来实现时延估计。这种方法的优点是在较低信噪比下亦可获得较高估计精度，但是其时延分辨率受限于发射信号自相关函数的主瓣宽度（近似于带宽的倒数）。为了提高多径时延估计的分辨能力，可以通过增加发射信号带宽来实现。但是，对带宽严重受限的水声通信、声呐探测系统，考虑到换能器设计制造及匹配等原因，常常需要采用窄带或是单频信号进行多径时延估计，特别是单频信号将造成相关曲线产生以频率等于单频信号频率的强烈振荡现象，这就给估计精度的提高带来了困难。本章将介绍利用单频信号建立参数模型进行水声信道估计的研究工作，特别是介绍利用多径径数、时延、幅度参数构造非线性信道模型，并结合进化规划优化算法实现高精度水声信道多径时延估计。

　　针对窄带特别是单频信号造成的时延估计精度限制，国内外学者研究了多种高分辨率时延估计方法[1-8]。自适应时延估计方法具有无须或仅需较少有关输入信号和噪声的先验知识等优点，且适用于时变时延的估计，但对于单频输入信号的情况，输入相关矩阵特征值散度大，将造成性能曲面具有大量的局部极小点，使自适应算法收敛速度急剧变慢[2]；最大似然（maximum-likelihood，ML）方法理论上可达到所有时延估计方法的上限，但其缺点是运算量大，且无法保证收敛[2]；期望最大化（expectation maximization，EM）方法把一个复杂的多维优化问题分解为多个一维优化问题，计算高效，但它对初始条件非常敏感，且没有系统的初始化方法[1]。

　　非线性最小二乘（nonlinear least-squares，NLS）方法具有适应性好和抗噪声能力强的优点，但窄带输入造成代价函数的强烈振荡使得传统的寻优方法极易陷入局部最小点。文献[1]～[3]中研究的 NLS 方法通过把时延估计问题转换至频域、引入信号复数振幅等措施来平滑代价函数，并解决代价函数的全局寻优问题，但也造成了初始估值确定困难、算法复杂度较高、计算量大等问题。同时，在多径径数的估计上，文献[2]假设多径径数为已知，这在实际应用中往往是不可能的。文献[3]则根据重构信号与输入信道的相关系数进行多径径数的逐个搜索。

　　由于在实际应用中多径径数常常是不可预知的，本章提出将多径径数引入多径参数模型形成新的非线性参数优化空间,以实现多径径数与多径时延、幅度的同时联合估计。针对非线性最小二乘时延估计中单频输入信号造成代价函数强烈振荡引起的未成熟收敛问题,考虑到单频信号幅度频谱中极大值、极小值间的较大差异会导致频域各收敛模式收敛速度的失配,进而造成算法收敛困难[9],本章采用加权处理进行频域代价函数的预白化,从而实现对代价函数强烈振荡特性的解耦,克服局部极小造成的未成熟收敛。

在寻优算法选择上,进化规划算法是一种模拟生物进化原理的全局搜索算法,其不依赖梯度信息因而特别适用于处理传统搜索方法难以解决的不连续和非线性等复杂问题[10, 11],本章针对单频水声信号时延估计中代价函数频域处理后的寻优问题,引入具有优越全局寻优能力的进化规划算法提高非线性复杂空间的寻优性能,探索提高单频信号的多径时延估计精度,避免复数振幅 NLS 方法中初始值确定的问题。

针对多径参数、径数联合估计下进化规划算法设计中多径径数、时延、幅度等参数的不同属性、不同约束特点,本章设计了针对各多径参数的进化操作和约束机制。为了验证算法的有效性,最后给出了利用仿真数据和海试实验数据进行的多径时延估计实验结果。

4.1 模 型 描 述

本章采用的时延估计问题数学模型可表述如下:

$$y(t) = \sum_{l=1}^{L} \alpha_l s(t - \tau_l) + e(t), \quad 0 \leqslant t \leqslant T \tag{4.1}$$

式中,$s(t)$ 为波形已知的单频发射信号;$y(t)$ 为由 $s(t)$ 的 L 个多径分量组成的接收信号;α_l、τ_l 分别为多径分量的幅度和时延;$e(t)$ 为零均值加性高斯白噪声。写为实际信号处理中以采样间隔 T_s 采样的离散信号形式为

$$y(nT_s) = \sum_{l=1}^{L} \alpha_l s(nT_s - \tau_l) + e(nT_s), \quad n = 0, 1, \cdots, N-1 \tag{4.2}$$

式中,N 为信号的采样长度。则多径时延估计问题转化为最小二乘方法对参数向量 $V = (\{\alpha_l, \tau_l\}_{l=1}^{L})$ 的寻优:

$$\underset{V = \{\alpha_l, \tau_l\}_{l=1}^{L}}{\arg \min} \sum_{n=1}^{N-1} \left| y(nT_s) - \sum_{l=1}^{L} \alpha_l s(nT_s - \tau_l) \right|^2 \tag{4.3}$$

上式前提是信道多径数 L 为已知。针对实际水声信道中径数未知或时变的情况,本章算法把径数 L 引入形成新的信道多径参数向量 $W = (L, \{\alpha_l, \tau_l\}_{l=1}^{L})$,则新的最小二乘方程可写为

$$\arg\min_{W=(L,\{\alpha_l,\tau_l\}_{l=1}^L)} \sum_{n=1}^{N-1}\left|y(nT_s)-\sum_{l=1}^L\alpha_l s(nT_s-\tau_l)\right|^2 \tag{4.4}$$

此时，多径时延估计问题是阶数-时延-幅值参数空间内的一个 NLS 寻优问题，特别在单频输入、窄带输入条件下其代价函数是强烈振荡、多峰的，采用梯度算法等传统的寻优算法往往收敛于局部最小点，难以取得理想的性能。

基于此，采用频域加权处理对 NLS 代价函数进行解耦，即首先将最小二乘方程转换到频域，然后在频域进行归一化处理，使寻优过程中频域各收敛模式的收敛速度均匀化，频域归一化代价函数可写为

$$\arg\min_{W=(L,\{\alpha_l,\tau_l\}_{l=1}^L)} \sum_{k=-\frac{N}{2}}^{\frac{N}{2}-1}\frac{\left|Y(k)-S(k)\sum_{l=1}^L\alpha_l e^{j\left(\frac{-2\pi\tau_l}{NT_s}\right)k}\right|^2}{K_w}, \quad \begin{cases}K_w=|Y(k)|^2, & |Y(k)|^2\geq T_y\\ K_w=1, & |Y(k)|^2<T_y\end{cases} \tag{4.5}$$

式中，$Y(k)$、$S(k)$分别代表 $y(nT_s)$、$s(nT_s)$的离散傅里叶变换，$k=-N/2, -N/2+1,\cdots, N/2-1$；$T_y$ 为用于防止接近零的小值 $Y(k)$造成溢出而设定的门限。通过频域归一化处理对单频输入信号造成的代价函数振荡特性进行解耦，然后结合具有优异全局寻优性能的进化规划算法进行窄带输入条件下信道多径参数解的高性能寻优。

4.2　进化规划

（1）表示法和适应度函数[11]：设有界子空间 $\prod_{i=1}^n[u_i,v_i]\subset \mathbf{R}^n$，其中 $u_i<v_i$，搜索空间 $I=\mathbf{R}^n$，个体为目标变量向量，$a=x\in I$。定义适应度值 $\Phi(a)=\delta(f(x),\theta)$，其中，$\delta(\cdot)$ 为比例变换函数，$f(x)$ 为目标函数，θ 为偏移量。

（2）变异[11]：标准进化规划采用的是高斯变异算子，它对个体 x 的每个分量 x_i 作用一个标准偏差，标准偏差取值为适应度值 $\Phi(a)=\Phi(x)$ 的一个线性变换的平方根，即 $\mathrm{Mutation}(x)=x'$，则有

$$\begin{cases}x_i'=x_i+\sigma_i\cdot N_i(0,1)\\ \sigma_i=\sqrt{\beta_i\cdot\Phi(x)+r_i}, & \forall i\in\{1,2,\cdots,n\}\end{cases} \tag{4.6}$$

式中，$N_i(0,1)$ 表示对每个下标 i 都重新采样且具有期望值为 0、标准偏差为 1 的正态分布随机变量；系数 β_i、r_i 是特定参数，一般将其分别置为 1 和 0。此时有

$$x_i'=x_i+\sqrt{\Phi(x)}\cdot N_i(0,1) \tag{4.7}$$

（3）选择[11]：在 μ 个父辈个体中每个个体均经过一次变异产生 μ 个子代后，EP 利用一种随机 q 竞争选择方法从父辈和子代的集合中选择 μ 个个体，其中 $q \geqslant 1$ 是选择算法的参数。具体操作过程如下：对每个个体 $a_k \in P(t) \bigcup P'(t)$，其中，$P(t)$ 为父辈个体集，$P'(t)$ 是变异后的群体，从 $P(t) \bigcup P'(t)$ 中随机挑选 q 个个体，把它们按照适应度与 a_k 进行比较，计算出其中比 a_k 差的个体数 F_k，并把 F_k 作为 a_k 的得分，$F_k \in \{0, 1, \cdots, q\}$；在所有 2μ 个个体都经过比较过程后，按得分 $F_k \in \{0, 1, \cdots, q\}$ 下降的顺序进行个体排序；选择 μ 个具有最高得分 F_k 的个体作为下一代群体，其中

$$F_k = \sum_{j=1}^{q} \begin{cases} 1, & \Phi(a_j) \leqslant \Phi(a_k) \\ 0, & \Phi(a_j) > \Phi(a_k) \end{cases} \tag{4.8}$$

4.3　基于进化规划的多径时延估计

利用进化规划进行上述多径时延估计问题中非线性最小二乘意义下的参数寻优，其中的关键在于：①如何将问题的解编码到基因中；②设计适合不同参数特点的进化操作机制；③采用频域加权适应度函数。

首先针对多径参数向量中不同参数的不同性质，设计了相应的编码方式和约束条件：以实整数编码随机设定初始多径径数 L；对多径参数向量进行基因编码时对多径幅度部分直接采用实数，以实数编码定义 $\{\alpha_l\}_{l=1}^{L}$ 为幅值系数的基因编码；对多径时延部分，以正整数编码定义 $\{\tau_l\}_{l=1}^{L}$ 为时延系数的基因编码；组成参数解空间中 $2L + 1$ 阶基因编码 $W = (L, \{\alpha_l, \tau_l\}_{l=1}^{L})$。根据 4.2 节代价函数的频域加权处理，定义个体适应度函数为

$$E(W_I) = \sum_{k=-\frac{N}{2}}^{\frac{N}{2}-1} \frac{\left| Y(k) - S(k) \sum_{l=1}^{L} \alpha_l e^{j\left(\frac{2\pi\tau_l}{NT_s}\right)k} \right|^2}{K_w}, \quad \begin{cases} K_w = |Y(k)|^2, & |Y(k)|^2 \geqslant T_y \\ K_w = 1, & |Y(k)|^2 < T_y \end{cases}$$

$$\tag{4.9}$$

则进化规划信道估计的步骤如下：

（1）种群初始化，随机产生 p 个个体 W_i（$i = 1, 2, \cdots, p$）作为第一代；

（2）计算每个个体的适应度 $E(W_i)$（$i = 1, 2, \cdots, p$）；

（3）对 p 个父代系数的 M 阶多径时延和对应的 M 阶多径幅度参数分别进行高斯变异操作产生 μ 个子代 W_i（$i = p + 1, p + 2, \cdots, 2p$），同时对每个个体以径数变异概率 ψ 进行径数变异，发生径数变异的个体等概率增加或减少 1 阶多径径数；

（4）从 p 个父代和 p 个子代中应用 q 竞争法则选择 μ 个个体作为下一代的群体；

（5）检验终止条件，不满足则转到步骤（2）重复执行，满足则结束。

在变异操作中，考虑到实际多径时延的有界性和减少算法的运算量，对超出设定的多径时延范围 $[1T_s, MT_s]$ 的变异个体采用取余、取绝对值处理进行参数约束；同时，为了减少阶数估计误差对算法性能的影响，每隔 10 代对归一化幅度小于 0.05 的小幅值多径分量进行删除处理。

4.4　算法实验结果

4.4.1　仿真实验

仿真中发射信号是一个加窗单频正弦波信号，可表示为

$$s(t) = \alpha(t)\sin(2\pi ft), \quad 0 \leqslant t \leqslant T_0 \tag{4.10}$$

式中，窗函数为

$$\alpha(t) = \begin{cases} 0.5 - 0.5\cos\left(\dfrac{\pi t}{T_w}\right), & 0 \leqslant t \leqslant T_w \\ 1, & T_w < t \leqslant T_0 - T_w \\ 0.5 - 0.5\cos\left(\pi\dfrac{t - T_0}{T_w}\right), & T_0 - T_w < t \leqslant T_0 \end{cases} \tag{4.11}$$

f 为单频信号频率。仿真中取 $f = 5.1\text{kHz}$，其他参数分别为 $f_s = 44.1\text{ks/s}$，$T_0 = 400T_s$，$T_w = T_0/10$，$N = 500$；设定信道多径数为 3，3 个多径分量的幅度因子分别为 0.5、0.2706 和 0.2294，对应的多径时延为 $21T_s$、$39T_s$ 和 $81T_s$。实验中采用背景噪声为零均值高斯白噪声，输入信号信噪比为 30dB。在算法设置中设定进化种群数为 $p = 600$，设置信道多径初始阶数 $L_0 = 1$，阶数变异概率 $\psi = 0.25$，进化代数设定为 60，时延参数约束在 $[0, 100T_s]$ 的范围内。为了衡量算法的估计性能，定义第 g 代的多径估计误差为

$$\xi_g = \left| \sum_{l=1}^{L} \alpha_l \delta(nT_s - \tau_l) - \sum_{l=1}^{L_g} \alpha_{l,g} \delta(nT_s - \tau_{l,g}) \right|^2, \quad n = 0, T_s, \cdots, (N-1)T_s \tag{4.12}$$

式中，$\delta(\cdot)$ 为冲激函数；$(L, \{\alpha_l, \tau_l\}_{l=1}^{L})$ 为多径参数的真实值；$(L_g, \{\alpha_{l,g}, \tau_{l,g}\}_{l=1}^{L_g})$ 为第 g 代进化所得个体中适应度函数最小的参数进化结果。

图 4.1（a）、（b）分别为发射和接收信号波形。图 4.1（c）为采用传统的相关处理对经过多径信道传输后接收信号与发射信号进行互相关运算得到的相关曲

线，从图中可以看出中心频率 f 的强烈振荡严重影响了多径时延的正确检测。图 4.1（d）为采用本章算法进行 60 次仿真计算后得到的平均多径时延估计结果与真实情况的比较，可以看出三个多径分量的多径时延及幅度均被正确检出，说明采用本章算法可显著提高其时延估计精度。

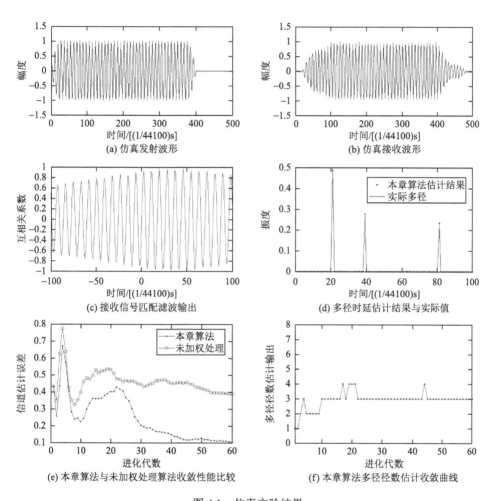

图 4.1　仿真实验结果

为用于性能比较，设定频域未加权处理时的个体适应度函数为

$$E(W_i) = \sum_{k=-\frac{N}{2}}^{\frac{N}{2}-1} \left| Y(k) - S(k) \sum_{l=1}^{L_i} \alpha_{l,i} \mathrm{e}^{\mathrm{j}\left(-\frac{2\pi\tau_{l,i}}{NT_s}\right)k} \right|^2 \tag{4.13}$$

图 4.1（e）为本章算法与未加权处理适应度函数的算法在其他设置相同的条

件下进行 60 次独立仿真计算后获得的平均多径估计误差 ξ 收敛曲线。从图 4.1（e）中可以看出，本章算法经代价函数加权处理后估计误差收敛过程虽然仍受到振荡特性的影响，但误差的下降趋势明显，经过 60 次进化迭代后收敛于全局最小点，而未采用加权处理时进化寻优受强烈振荡的影响陷入了局部最小，由此说明了 LS 代价函数频域加权改善了进化寻优的收敛特性。图 4.1（f）为算法进化迭代过程中多径径数的估计结果，大约在进化到 22 代时收敛于真实值，说明了本章算法中多径径数同时估计的有效性。

4.4.2　海试实验

海试实验海区为厦门某海域，平均水深约 20m。实验声源为带宽为 4～7kHz 的水声换能器，发射两种形式的实验信号：信号 I 为脉宽 3ms、频率 5.1kHz 的单频信号；信号 II 为频率从 4kHz 到 7kHz、脉宽 10ms 的线性调频（linear frequency modulation，LFM）信号。接收端采样率为 $f_s = 44100$ks/s。实验中采用信号 I 的单频信号进行多径时延估计，并将估计结果与采用信号 II 的线性调频信号进行匹配相关处理得到的多径时延估计结果进行比较，验证算法的有效性。两种信号以 15ms 间隔交错发射，以保证期间信道特性基本保持不变。实验中声源与接收点水平距离为 7km［船载全球定位系统（global positioning system，GPS）定位数据］。

进化寻优算法设置为：设定进化种群数为 $p = 600$，信号采样长度为 $N = 500$，信道多径初始阶数 $L_0 = 2$，阶数变异概率 $\psi = 0.25$，进化代数设定为 60。

图 4.2（a）所示为采用本章算法收敛后得到的厦门某海域水声信道多径时延估计结果。从图 4.2（a）中可以看出检测得到的 5 个信号时延分量，其中第三、四个时延分量紧密相邻，形成 4 个明显的多径；图 4.2（b）为算法进化迭代过程中多径径数的估计结果。

利用算法获得的信道多径时延参数进行了单频接收信号的重构，重构结果如图 4.2（c）所示，与图 4.2（d）中实际接收信号的形状基本吻合。

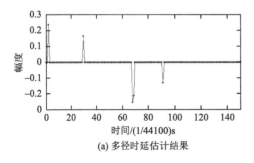

(a) 多径时延估计结果

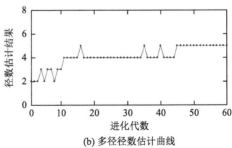

(b) 多径径数估计曲线

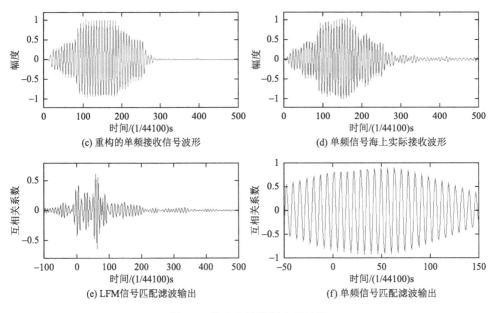

图 4.2　海上实验数据实验结果

4.4.3　海试结果验证

为了验证算法在单频信号获取的信道多径时延结果，采用信号Ⅱ线性调频信号作为信道测试信号获取信道特性并与本算法结果进行比较。图 4.2（e）所示为对接收到的 LFM 信号进行匹配滤波的结果，从中可以观察到 4 个较明显的相关峰，其中第一、三相关峰的幅度大于第二、四相关峰，相关峰的相对位置和幅度大小与图 4.2（a）显示的本章算法获取的多径时延结果基本吻合，说明了采用本章算法对单频水声信号进行多径时延估计的有效性和准确性。而图 4.2（f）采用对实际海上接收的单频信号直接进行匹配滤波处理，由于单频信号带宽极窄，相关曲线强烈振荡，无法从中获得多径时延信息。

同时，利用 BELLHOP 射线模型[12]根据厦门某海域实验海区的实际信道条件进行信道建模，相关仿真参数为：参考海试实验时（冬季）台湾海峡海域典型的声速垂直分布[13]，设定正声速梯度如图 4.3（a）所示；发射换能器垂直指向性±5°；海面平静，海底假设为平整的泥沙底（海底压缩波速为 1750m/s，海底密度为 1.85g/cm³，海底压缩波吸收系数为 0.8）；声源深度 5m，接收换能器深度 14m；信号频率 5.1kHz。由模型得到的信道仿真声线图及信道多径时延分布如图 4.3（b）、（c）所示。由图 4.3（c）可以看出，信道响应前部呈现 4 个较明显的宏多径，其后分布着大量相对较弱的连续多径，信道的主要多径结构与通过 LFM 信号获取的多径分布结果［图 4.2（e）］及本章算法所得结果［图 4.2（a）］大体一致，进一步验证了本节算法的有效性。同时也表明，本节算法采用多径阶数联合估计的特点导致其对较为微弱及连续分布的多径分量的估计性能有所下降。

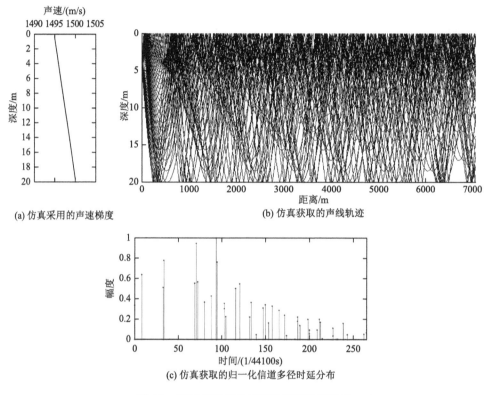

(a) 仿真采用的声速梯度　　　　　　　(b) 仿真获取的声线轨迹

(c) 仿真获取的归一化信道多径时延分布

图 4.3　海试信道 BELLHOP 建模仿真结果

4.5　小　　结

　　针对单频信号造成多径时延估计算法中代价函数剧烈振荡导致未成熟收敛的问题，本章首先在非线性最小二乘算法中引入多径径数形成新的参数解空间，然后采用对代价函数进行频域加权处理的方法对代价函数进行解耦，同时结合进化规划算法进行多径参数的全局寻优。仿真数据实验说明本章算法有效提高了单频信号的多径时延估计性能，最后利用实际海试实验数据和 BELLHOP 射线模型仿真进一步证明了本章算法提高水声信道多径时延估计性能的有效性。需要指出，本章算法也可同样推广应用于窄带信号的情况。

参 考 文 献

[1]　蒋德军，胡涛. 时延估计技术及其在多途环境中的应用[J]. 声学学报，2001，（1）：34-40.

[2]　陈华伟, 赵俊渭, 郭业才, 等. 一种维纳加权频域自适应时延估计算法[J]. 声学学报, 2003, (6): 514-517.

[3]　陈韶华, 相敬林, 罗建. 水声信道多径时延估计的高分辨方法研究[J]. 系统仿真学报, 2005, 17 (11): 2821-2824.

[4]　杨亦春, 马驰州. 相关峰细化的精确时延估计快速算法研究[J]. 声学学报, 2003, 28 (2): 159-166.

[5]　童峰, 许肖梅. 基于遗传算法的超声信号 LMS 自适应时延估计[J]. 应用声学, 2000, 19 (4): 26-30.

[6]　Viola F, Walker W F. A comparison of the performance of time-delay estimators in medical ultrasound[J]. IEEE Transactions on Ultrasonics, Ferroelectrics, and Frequency Control, 2003, 50 (4): 392-401.

[7]　Wu R, Li J. Time-delay estimation via optimizing highly oscillatory cost functions[J]. IEEE Journal of Oceanic Engineering, 1998, 23 (3): 235-244.

[8]　Chen B S, Hung J C. A global estimation for multichannel time-delay and signal parameters via genetic algorithm[J]. Signal Processing, 2001, 81 (5): 1061-1067.

[9]　Farhang-Boroujeny B. Adaptive Filters: Theory and Applications[M]. Hoboken: John Wiley & Sons, 2013.

[10]　邹士新, 马远良, 杨坤德, 等. 用模拟退火差异进化算法进行匹配场反演[J]. 系统仿真学报, 2005, 17 (6): 1376-1379.

[11]　Fogel D B. Evolutionary Computation: Principles and Practice for Signal Processing[M]. Bellingham: SPIE Press, 2000.

[12]　覃柳怀. 基于 BELLHOP 射线模型的浅海水声信道传播模型研究[D]. 厦门: 厦门大学, 2005.

[13]　陈东升, 胡建宇, 许肖梅, 等. 台湾海峡中、北部海区 1998 年 2~3 月声速的分布特征[J]. 台湾海峡, 2000, 19 (3): 288-292.

第 5 章　水声信道的压缩感知估计

　　压缩感知又称压缩采样，其目标是准确而有效地从一些非自适应线性测量矩阵中重建稀疏信号，实现稀疏信号恢复。即假设 m 个传感器测量 n 个源信号，采用线性瞬时无噪模型表示为 $y = Ax$，其中，y 和 x 分别是 $m \times 1$ 的采样信号向量和 $n \times 1$ 的源信号向量，A 是 $m \times n$ 的混合矩阵（或称为采样矩阵），且有 $m \ll n$。在给定 y 和 A，且 x 具有稀疏特征的条件下，由 y 和 A 重构出稀疏解 x 是目前得到广泛研究的各类压缩感知方法需解决的主要问题[1-3]。研究表明，利用水声信道的稀疏特性在压缩感知框架下进行信道估计可改善信道估计性能[3, 4]。

　　许多文献指出，线性规划类算法能以较高的准确率重建欠定系统中的稀疏信号[1-3]，这类算法主要包括 l_1 范数规则化的最小均方算法（$l_1\_l_s$）、内点法和梯度投影算法等。尽管这些算法取得了一些成效，但在实际应用中尤其是处理大型数据时，其计算效率并不高。

　　MP 算法以及 OMP 算法等贪婪算法也被广泛用于处理这类问题[4, 5]，贪婪算法通过逐次迭代找出与所需信号最匹配的列向量，再用这些列向量重建稀疏信号，但这些方法往往需要保证测量矩阵的列是充分非相关的条件才能保证稀疏信号的恢复有效[4, 5]。

　　其他解决稀疏信号恢复问题的办法还包括硬阈值迭代（iterative hard threshold，IHT）算法[6]和基于光滑 l_0 范数（smoothed l_0，SL0）算法[7]，本质上，这两种算法可以看成硬阈值算法和软阈值算法。IHT 算法采用了一个非线性算子，而 SL0 算法采用的是一个粗略可变的阈值进行迭代处理。然而，IHT 算法性能不够稳定[8]，SL0 算法求得的稀疏解则不够精确[9]。与 SL0 算法类似，拟牛顿算法 BFGS[9]（Broyden、Fletcher、Goldforb、Shanno 四个人名首字母）通过构造一个近似 l_0 范数，再构造一个可近似 Hesse 矩阵逆的正定对称阵在"拟牛顿"的条件下优化目标函数。但该方法存储量大，且计算效率有限。

　　本章在梳理当前 l_0 范数相关工作[10, 11]的基础上，针对 l_0 范数[7, 9, 12, 13]导致 NP 难问题、噪声敏感等不足提出一种近似 l_0 范数（approximate l_0 norm）的连续可导函数，结合近似 l_0 范数和最小均方函数构建代价函数，并推导出一种似零范数恢复算法（简称为 AL0 算法），该算法结合牛顿迭代法和最陡梯度法对欠定系统的稀疏解进行混合寻优迭代。本章的最后将本章算法与几种经典算法进行数值仿真和实际海试数据实验，结果表明：与经典算法相比，本章算法在提供相同精度，甚至更好精度的条件下，计算效率更高。

5.1　压缩感知估计算法

5.1.1　水声信道稀疏模型

本节先介绍测量矩阵、约束等距特性（RIP）以及块稀疏等概念和定义。这些概念将有助于理解后续内容并引出水声通信的块稀疏信道模型。

首先，令 $\{a_i\}_{i=1}^{m+n-1}$ 表示发送端的 $m+n-1$ 个训练序列，该训练序列通过水声信道 $\boldsymbol{h} \in \mathbf{C}^{n\times 1}$ 传输，得到接收信号 $\boldsymbol{y} \in \mathbf{C}^{m\times 1}$，特别地，本章采用的发送信号采用 QPSK 调制，即发送信号实部和虚部各自出现 1 和−1 的概率都为 0.5。信号输入输出关系表示为

$$\boldsymbol{y} = \boldsymbol{A}\boldsymbol{h} + \boldsymbol{w} \tag{5.1}$$

式中，$\boldsymbol{w}$ 为加性高斯白噪声，本章假设噪声项服从复数域的独立高斯分布 $\mathrm{CN}(0,\sigma^2)$；定义 $m \times n$ 的特普利茨（Toeplitz）矩阵 $\boldsymbol{A}$ 为测量矩阵，具体构成为

$$\boldsymbol{A} = \begin{bmatrix} a(i+n-1) & a(i+n-2) & \cdots & a(i) \\ a(i+n) & a(i+n-1) & \cdots & a(i+1) \\ \vdots & \vdots & & \vdots \\ a(i+n+m-2) & a(i+n+m-3) & \cdots & a(i+m-1) \end{bmatrix} \tag{5.2}$$

对给定的测量矩阵能否成功恢复稀疏信号，一个重要判断标准是看其是否满足约束等距特性。特普利茨矩阵的约束等距特性在文献[14]有详细论述，并已证明特普利茨矩阵可以极高概率地有效恢复稀疏度 κ 的信号。文献[15]、[16]则详细说明了约束等距特性从实数域推广到复数域的过程，并给出复数域下的约束等距常数上限。

与 MP 算法相比，OMP 算法通过信号的正交分量投影到原子集合中，从而避免冗余选择原子集，被广泛应用于稀疏恢复。经典 OMP 算法的伪代码如算法 5.1 所示。但是，作为贪婪算法的一种，该策略实际上不是全局最优[10]。

算法 5.1　OMP 算法的伪代码

初始化：索引集 $\Lambda = \varnothing$ 和残差 $\varepsilon = y$。

重复步骤（1）和（3）并进行 κ 次迭代。

（1）$i = \arg \max_{j=1,2,\cdots,N} \| \boldsymbol{A}^{\mathrm{T}}[j]\varepsilon \|$。

（2）$\Lambda = \Lambda \bigcup i; \tilde{\boldsymbol{h}} = \boldsymbol{A}_\Lambda^\dagger \varepsilon$。

（3）$\varepsilon = \varepsilon - \boldsymbol{A}_\Lambda \tilde{\boldsymbol{h}}$。

输出：恢复稀疏水声信道 $\tilde{\boldsymbol{h}}$。

很多方法[1-6]将式（5.1）转化为如下更为简单的问题：

$$\begin{cases} \min_{\boldsymbol{h}} \|\boldsymbol{h}\|_1 \\ \text{s.t. } \boldsymbol{Ah} = \boldsymbol{y} \end{cases} \tag{5.3}$$

式中，l_1 范数的定义为 $\|\boldsymbol{h}\|_1 = \sum_{i=1}^{n} |\boldsymbol{h}_i|$，实际上，如果稀疏向量 $\boldsymbol{h}$ 是式（5.3）的解，那么它也可以看成 $\boldsymbol{y}$ 的稀疏估计。式（5.3）可进一步转化为如下的凸优化问题：

$$\begin{cases} \min_{\boldsymbol{h}} \|\boldsymbol{h}\|_1 \\ \text{s.t. } \|\boldsymbol{y} - \boldsymbol{Ah}\| < \varepsilon \end{cases} \tag{5.4}$$

或

$$\begin{cases} \min_{\boldsymbol{h}} \|\boldsymbol{y} - \boldsymbol{Ah}\| \\ \text{s.t. } \|\boldsymbol{h}\|_1 < \tau \end{cases} \tag{5.5}$$

式中，ε 和 τ 是非负实数。内点算法[2]和梯度算法[3]是基于式（5.4）、式（5.5）提出的，而 $l_1\_l_s$ 方法则是采用拉格朗日方法将其变为

$$\boldsymbol{h} = \arg\min_{\boldsymbol{h}} \frac{1}{2} \|\boldsymbol{y} - \boldsymbol{Ah}\|_2^2 + \lambda \|\boldsymbol{h}\|_1 \tag{5.6}$$

式中，λ 是拉格朗日算子；$l_1\_l_s$ 方法在文献[2]、[3]中有详尽的描述，这种方法在处理大型问题时效率不高。

与 $l_1\_l_s$ 方法不同，IHT 算法采用的第 k 步迭代的表达式为

$$\boldsymbol{h}_{k+1} = H_s(\boldsymbol{h}_k + \boldsymbol{A}^{\mathrm{T}}(\boldsymbol{y} - \boldsymbol{Ah}_k)) \tag{5.7}$$

式中，$H_s(\boldsymbol{a})$ 是一个非线性算子，它能使向量 $\boldsymbol{a}$ 中幅度较小的元素 s 置为零。然而，IHT 算法的性能不够稳定。

5.1.2　AL0 算法

考虑到 l_0 范数导致 NP 难问题、噪声敏感问题，国内外研究者一直在寻求更好的范数形式，在保证对噪声鲁棒性的同时加速算法的稀疏恢复性能。与文献[7]、[9]、[10]不同，本章采用式（5.8）对 l_0 范数进行近似：

$$\|\boldsymbol{x}\|_0 \approx \sum_{i=1}^{n} \frac{\alpha x^2(i)}{1 + \alpha x^2(i)}, \quad \alpha = \frac{1}{2\sigma^2} \tag{5.8}$$

式中，$\mathbf{1}$ 是元素皆为 1 的向量，其维度与向量 $\boldsymbol{x}$ 的相同；σ^2 是与信号方差有关的近似函数的控制参数，其取值需要在函数的近似精度和近似光滑度两者之间权衡，换句话说，如果 σ 越大，则式（5.8）越光滑，而 σ 越小，则式（5.8）对 l_0 范数

的逼近程度就越高，也越不光滑。实际应用中，由定理 5.1 可以看出，足够大的 σ 能确保稀疏解不落入局部最优。

定理 5.1　当 $\alpha \to 0$ 时，问题 $\min\limits_{\boldsymbol{x}} \sum\limits_{i=1}^{n} \dfrac{\alpha x^2(i)}{1+\alpha x^2(i)}$，s.t. $\boldsymbol{Ax} = \boldsymbol{y}$ 的解为方程 $\boldsymbol{Ax} = \boldsymbol{y}$ 的最小二范数解，即 $\boldsymbol{x} = \boldsymbol{A}^{\mathrm{T}}(\boldsymbol{AA}^{\mathrm{T}})^{-1}\boldsymbol{y}$。

证明　将问题 $\min\limits_{\boldsymbol{x}} \sum\limits_{i=1}^{n} \dfrac{\alpha x^2(i)}{1+\alpha x^2(i)}$，s.t. $\boldsymbol{Ax} = \boldsymbol{y}$ 转化为拉格朗日问题，可得到

$$\min_{\boldsymbol{x}} L(\boldsymbol{x},\lambda) = \sum_{i=1}^{n} \frac{\alpha x^2(i)}{1+\alpha x^2(i)} + \lambda^{\mathrm{T}}(\boldsymbol{Ax} - \boldsymbol{y}) \tag{5.9}$$

式中，λ 是拉格朗日乘子向量，其维度与向量 $\boldsymbol{y}$ 的相同。采用拉格朗日求导，可得

$$\begin{cases} \left[\left(\dfrac{x(1)}{\alpha x^2(1)+1} - \dfrac{\alpha x^3(1)}{(\alpha x^2(1)+1)^2}\right),\cdots,\left(\dfrac{x(n)}{\alpha x^2(n)+1} - \dfrac{\alpha x^3(n)}{(\alpha x^2(n)+1)^2}\right)\right]^{\mathrm{T}} - \boldsymbol{A}^{\mathrm{T}}\lambda^* = 0 \\ \min\limits_{\boldsymbol{x}} \| \boldsymbol{y} - \boldsymbol{Ax} \| \end{cases} \tag{5.10}$$

式中，$\lambda^* = \dfrac{\lambda}{2\alpha}$ 为一个正比于 λ 的拉格朗日乘子向量。此时，$\alpha \to 0$，式（5.10）可转化为

$$\begin{cases} \boldsymbol{x} = \boldsymbol{A}^{\mathrm{T}}\lambda^* \\ \min\limits_{\boldsymbol{x}} \| \boldsymbol{y} - \boldsymbol{Ax} \| \end{cases} \tag{5.11}$$

从而有 $\boldsymbol{AA}^{\mathrm{T}}\lambda^* = \boldsymbol{y}$，即有 $\lambda^* = (\boldsymbol{AA}^{\mathrm{T}})^{-1}\boldsymbol{y}$，结合 $\boldsymbol{x} = \boldsymbol{A}^{\mathrm{T}}\lambda^*$，式（5.11）最终解为 $\boldsymbol{x} = \boldsymbol{A}^{\mathrm{T}}(\boldsymbol{AA}^{\mathrm{T}})^{-1}\boldsymbol{y}$。

为了解决稀疏问题，即对问题 $\min\limits_{\boldsymbol{x}} \sum\limits_{i=1}^{n} \dfrac{\alpha x^2(i)}{1+\alpha x^2(i)}$，s.t. $\boldsymbol{Ax} = \boldsymbol{y}$ 的稀疏求解，可分解为两个部分进行计算：

$$\begin{cases} \min\limits_{\boldsymbol{x}} \ f(\boldsymbol{x}) = \boldsymbol{y} - \boldsymbol{Ax} \\ \min\limits_{\boldsymbol{x}} \ g(\boldsymbol{x}) = \sum\limits_{i=1}^{n} \dfrac{\alpha x^2(i)}{1+\alpha x^2(i)} \end{cases} \tag{5.12}$$

用牛顿迭代法求解式（5.12）中的第一个问题，第 k 次迭代的表达式记为

$$\boldsymbol{x}_{k+1} = \boldsymbol{x}_k - \frac{f(\boldsymbol{x}_k)}{f'(\boldsymbol{x}_k)} \tag{5.13}$$

考虑到 $\dfrac{1}{f'(\boldsymbol{x}_k)}$ 可能产生病态问题，故采用伪逆进行计算，将式（5.13）变为

$$x_{k+1} = x_k - A^{\mathrm{T}}(AA^{\mathrm{T}})^{-1}(Ax_k - y) \tag{5.14}$$

然而，为了避免牛顿迭代发散，迭代中的初始解选择尤为重要，本章选择 $y = Ax$ 的最小二范数解 $x_0 = A^{\mathrm{T}}(AA^{\mathrm{T}})^{-1}y$ 作为牛顿迭代的初始解，以保证初始解落在最优解的邻域内。分析式（5.14）的收敛性，先将式（5.13）记为

$$h(x) = x - \frac{f(x)}{f'(x)} \tag{5.15}$$

对式（5.15）求导得到

$$h'(x) = \frac{f(x)f''(x)}{(f'(x))^2} \tag{5.16}$$

设 x^* 是 $f(x) = 0$ 的最优解，且 $f'(x^*) \neq 0$，那么

$$h'(x^*) = \frac{f(x^*)f''(x^*)}{(f'(x^*))^2} = 0 \tag{5.17}$$

可见，如果存在一个解 x 在最优解 x^* 附近，那么存在 $|h'(x)| < 1$，按照固定点原理[17]，可知式（5.14）收敛。

对于式（5.12）中的第二个问题，l_0 范数 $\|x\|_0$ 可以看成对向量 x 的稀疏度测量，因此，解决式（5.12）中的第二个问题相当于求出最稀疏的解。为确保最优解的全局性，在算法的初始阶段，σ 的设置要充分大，而为了不陷入局部最优解，有必要逐步减小 σ 的值，因此，本章采用最陡梯度法解决式（5.12）中的第二个问题：

$$\begin{aligned} x_{k+1}(i) &= x_k(i) - \mu_k \frac{\partial g(x)}{\partial x} \\ &= x_k(i) - \mu_k \left(\frac{2\alpha x_k(i)}{\alpha x_k^2(i) + 1} - \frac{2\alpha^2 x_k^3(i)}{(\alpha x_k^2(i) + 1)^2} \right), \quad \forall 0 \leqslant i < n \end{aligned} \tag{5.18}$$

因式（5.18）每迭代一步，σ 都相应地减少，随着迭代的深入，处理的信号范围也越来越精细，故需要调整相应的步长 μ_k 以达到精细化处理的效果，为便于计算，本章采用 $\mu_k = \mu_0 \sigma_k^2$，其中 μ_0 是一个常数，将 $\mu_k = \mu_0 \sigma_k^2$，$\alpha = \dfrac{1}{2\sigma^2}$ 代入式（5.18）得

$$x_{k+1}(i) = x_k(i) - \mu_0 \left(\frac{x_k(i)}{\alpha x_k^2(i) + 1} - \frac{\alpha x_k^3(i)}{(\alpha x_k^2(i) + 1)^2} \right), \quad \forall 0 \leqslant i < n \tag{5.19}$$

考虑到充分大的 σ 以确保最优解的全局性，本章初始化设置为 $\sigma_0 = \max(|x|)$ 以及更新式为 $\sigma \leftarrow \beta\sigma$，其中 $0 < \beta < 1$ 是 σ 的一个衰减因子，容易看出，式（5.19）收敛。

本章所提的算法用 MATLAB 伪代码描述见算法 5.2。下面对 AL0 算法收敛速度以及复杂度进行讨论。

算法 5.2 AL0 算法的 MATLAB 伪代码

设定	$\mu_0, \beta, A, y, \sigma_{\text{threshold}}, T$;
初始	$x(0) = A^{\text{T}}(AA^{\text{T}})^{-1}y$; $\sigma_0 = \max(\lvert x(0) \rvert)$;
While	$\sigma > \sigma_{\text{threshold}}$
	for $k = 1 : T$
	$\alpha = (2\sigma^2)^{-1}$;
	$x_{k+1}(i) = x_k(i) - \mu_0 \left(\dfrac{x_k(i)}{\alpha x_k^2(i)+1} - \dfrac{\alpha x_k^3(i)}{(\alpha x_k^2(i)+1)^2} \right)$, $\forall 0 \leqslant i < n$
	$x = x - A^{\text{T}}(AA^{\text{T}})^{-1}(Ax - y)$;
	endfor
	$\sigma \leftarrow \beta\sigma$;
endwhile	
输出	x

首先讨论牛顿迭代法的收敛速度：令 $f(x)$ 在区间 $[a, b]$ 上连续可导，若满足 $f(a)f(b) < 0$，$f''(x)$ 在该区间上不变号，$f'(x) \neq 0$，令 $\min\limits_{a \leqslant x \leqslant b} \lvert f(x) \rvert = m$, $\max\limits_{a \leqslant x \leqslant b} \lvert f''(x) \rvert = M$，有 $b - a < \dfrac{2m}{M}$，那么，存在对任意 $x_0 \in [a, b]$，牛顿迭代式收敛于 $f(x) = 0$ 在 $[a, b]$ 中的唯一实根 x^*，并且 $\lim\limits_{k \to \infty} \dfrac{x_{k+1} - x^*}{\lVert x_k - x^* \rVert_2^2} = \dfrac{f''(x^*)}{2f'(x^*)}$，可知其具有二阶收敛性。考虑到算法收敛速度与计算精度，算法 5.2 中参数 T 可以设置为 3~5 的任一整数。

再讨论本章涉及的几种稀疏恢复算法的计算复杂度，考虑到 A 是 $m \times n$ 的矩阵，而 K 表示两个矩阵运算 Ax 或 $A^{\text{T}}y$ 的时间，对于非稀疏矩阵，其相当于 $2mn$ 次运算，而对于稀疏矩阵或者特殊变换矩阵，该计算量会显著减小，s 表示稀疏度，$L = O(\log_{10}(n))$ 表示对解所要求的比特精度，详细资料参见文献[12]、[18]，易知 $l_1\_l_s$、OMP、IHT、SL0、BFGS 和 AL0 复杂度分别为 $O((m+n)^3)$、$K + O(msL)$、$K + O(L)$、$K + O(s)$、$O((n)^2)$ 和 $K + O(2s)$[1-6]。

5.2 仿 真 实 验

为验证本章 AL0 算法的有效性，AL0 将和 $l_1\_l_s$、OMP、IHT、BFGS、SL0

这几种经典算法进行比较，实验中的稀疏信号由高斯混合模型产生，也称为伯努利-高斯模型[7, 18]，定义为

$$x_i \sim r \cdot N(0, \Omega_{\mathrm{on}}) + (1-r) \cdot N(0, \Omega_{\mathrm{off}}), \quad \forall 0 \leqslant i < n \qquad (5.20)$$

式中，r 的定义和文献[7]的一致，表示大的非零系数的出现概率；$N(0, \Omega)$ 表示均值为零、标准方差为 Ω 的高斯白噪声，分别设置不同数量级的 Ω_{on} 和 Ω_{off} 表示大系数和小系数，两者叠加起来构成稀疏源信号。实验中稀疏源信号的稀疏度设置为 $r = 0.1$，y 和 x 分别是 $m \times 1$ 的采样信号向量和 $n \times 1$ 的源信号向量，A 是 $m \times n$ 的高斯混合矩阵，且 $m \ll n$。在给定 y 和 A，且 x 是具有稀疏特征的条件下，结合压缩感知各种方法重构稀疏解 x。本实验中采用 SNR 作为评估算法精度的性能指标，定义为

$$\mathrm{SNR} = 10 \cdot \log_{10} \frac{\sum_i |x(i)|^2}{\sum_i (x(i) - \tilde{x}(i))^2} \qquad (5.21)$$

式中，$\tilde{x}$ 表示对源信号 x 的稀疏估计值。实验中随机产生源信号和混合矩阵，在参数设定的情况下进行 100 次运算并对结果求平均。实验的软硬件条件为：奔腾双核处理器（2.09GHz×2），内存为 1GB，Microsoft Windows XP 操作系统，MATLAB7 的运行环境。

　　实验一用于测试 $l_1\_l_s$、OMP、IHT、SL0、BFGS 和 AL0 算法的稀疏恢复精度，设置参数为：$\Omega_{\mathrm{on}} = 1$ 和 $\Omega_{\mathrm{off}} = 4i \times 10^{-3}$，$i = 1, 2, \cdots, 5$，$m = 400$，$n = 1000$。分别用 $l_1\_l_s$、OMP、IHT、SL0 和 AL0 算法对检测信号 y 进行求解，得到不同的稀疏解 x，获得的各种算法稀疏解 SNR 结果如图 5.1 所示。从图 5.1 中可以看出 BFGS 算法略优于 OMP、IHT、SL0、$l_1\_l_s$ 算法，而 AL0 算法比 BFGS 算法更优。因此，本章算法基于稳定的初始解对最优解进行更为精确的搜索，而不必构造一个正定矩阵以替代 Hesse 矩阵进行计算。

　　实验二旨在测试不同算法的复杂度，采用算法计算时所需的 CPU 计算时间作为测量标准，尽管 CPU 计算时间不能算是一个精确的测量标准，但它可以提供一个大致的参考[7]。为了便于比较本章算法与各经典算法所需的计算时间，设定 $\Omega_{\mathrm{on}} = 1$，$\Omega_{\mathrm{off}} = 10^{-3}$，并改变混合矩阵 A 的维度以对应不同的数据量，设定行数不变 $m = 100$，列数则逐渐递增：$n = 100 + 50i$，$i = 1, 2, \cdots, 5$。实验中各算法运行的时间和所需处理的数据长度关系见图 5.2。从图 5.2 中可以看出，随着待处理信号长度的增加，$l_1\_l_s$ 算法所需时间显著增加，OMP 算法也有类似趋势，但计算量比 $l_1\_l_s$ 算法小很多，IHT 算法保持比较平稳，这是因为其非线性算子减少了一部分计算量，从而加快了计算速度，而 AL0 算法、BFGS 算法、SL0 算法计算时间消耗量都相对较小，本章算法 AL0 由于具有牛顿迭代 2 阶收敛性，从而保证了算法的高

效运算性能，使之在处理不同长度的数据时所需的时间量基本保持平稳或是略有
上升的趋势。

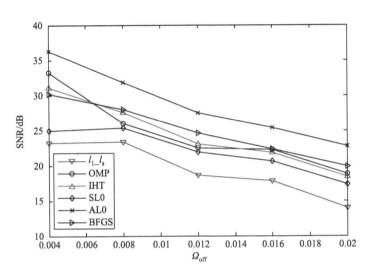

图 5.1　$l_1\_l_s$、OMP、IHT、SL0 和 AL0 算法分别求出的稀疏解随着 Ω_{off} 变化而变化的 SNR 关系

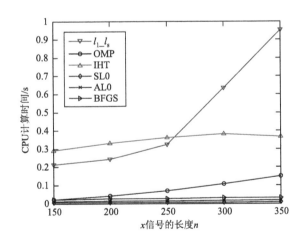

图 5.2　不同算法在处理不同长度数据时所需时间量对比图

实验三用于分析 AL0 算法的收敛性问题，考虑到式（5.19）中的参数 μ_0 和
参数 α 都与参数 σ 的取值有关，为考察 AL0 算法的收敛性与迭代过程中不同 σ
取值的关系，矩阵 A 的产生过程如之前所述，设定 $m=100$，$n=300$，$\Omega_{\text{on}}=1$，
$\Omega_{\text{off}}=10^{-3}$，$\beta=0.5$，AL0 算法经过了 30 次迭代之后进入平稳状态，其收敛过

程如图 5.3 所示。从图 5.3 中可以看出，算法每 3 次迭代更新一次 σ，且随着 σ 数值的递减，算法恢复的 SNR 逐步增加，最终达到一个平稳过程。这与前面的理论分析结果一致，且本章所提 AL0 算法比 BFGS 算法、OMP 算法、SL0 算法所获得的收敛速度更快。

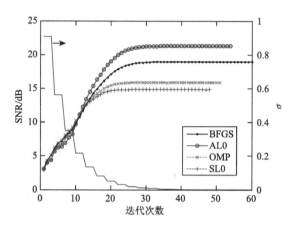

图 5.3   AL0 算法迭代过程中 σ 的取值与算法的收敛情况

5.3   海 试 实 验

为验证本章所提 AL0 算法对水声信道进行压缩感知估计的有效性，将 AL0 算法和 $l_1\_l_s$、OMP、IHT、BFGS、SL0 这几种经典算法对海试实验稀疏水声信道进行压缩感知估计的性能比较。本章所提算法的海试实验采用 QPSK 调制信号，信号载波频率为 16kHz，通信速率为 6.4kbit/s，发射随机序列。实验海域为青岛某海域，实验水域平均水深 15m，发射机和接收机之间的距离为 200m；发射换能器、接收换能器放置深度均为 4m。接收数据的原始采样率为 96ks/s，降采样至 1/4 分数间隔进行压缩感知信道估计。将式（5.1）转化为

$$\min_{\boldsymbol{h}} \|\boldsymbol{h}\|_0$$
$$\text{s.t. } \boldsymbol{Xh} = \boldsymbol{y} \tag{5.22}$$

式中，$\boldsymbol{X}$ 为 $m \times n$ 的发射信号矩阵；$\boldsymbol{y}$ 为 $m \times 1$ 的接收信号向量；$\boldsymbol{h}$ 为 $n \times 1$ 的待估计稀疏水声信道。矩阵 $\boldsymbol{X}$ 为结构化的特普利茨矩阵[14, 15, 19]，实验中的参数设置为 $m = 600$，$n = 1200$，$\beta = 0.5$。

考虑到实际中的稀疏水声信道未知，实验采用预测误差 $\boldsymbol{e}_y$ [16]作为性能评价测度，用以评价各算法对稀疏信号的恢复精度。$\boldsymbol{e}_y$ 定义为

$$e_y = |\, \boldsymbol{y} - \hat{\boldsymbol{y}}\,| = |\, \boldsymbol{y} - \boldsymbol{X}\tilde{\boldsymbol{h}}\,| \tag{5.23}$$

式中，$\tilde{\boldsymbol{h}}$ 为对式（5.22）中 $\boldsymbol{h}$ 的估计向量。AL0 算法得到的信道估计结果如图 5.4 所示。从图 5.4 中可以看到海试水声信道具有典型的稀疏分布特性。针对各种算法计算得出的预测误差 e_y 结果如图 5.5 所示。从图 5.5 中可以看出，SL0 算法和 $l_1\_l_s$ 算法性能较差，该两种算法对真实数据的估计精度有限，而 AL0 算法优于 OMP 算法、IHT 算法、BFGS 算法等的估计精度。真实数据处理结果与数值仿真实验基本一致，进一步证实本章所提算法的有效性。

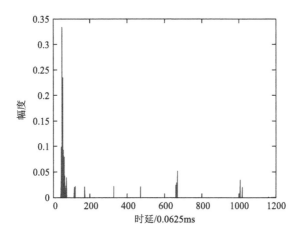

图 5.4　AL0 算法对真实水声信道的估计结果

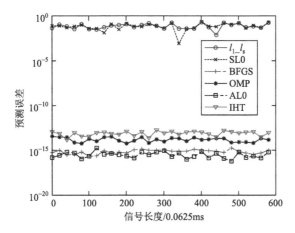

图 5.5　各算法对真实水声信道估计的预测误差

5.4　小　　结

为从稀疏恢复的角度提高水声信道估计性能，本章引入一种新的似 l_0 范数作为目标函数，并混合采用牛顿迭代法和最陡梯度法进行推导得出 AL0 全局寻优算法。数值仿真与海试数据实验均表明，与经典算法相比，本章所提算法在提供相同精度，甚至更好精度的条件下，收敛速度更快，从而为压缩感知水声信道估计提供了一种新的高效稀疏恢复算法。

参 考 文 献

[1] Takigawa I，Kudo M，Toyama J. Performance analysis of minimum l_1-norm solutions for underdetermined source separation[J]. IEEE Transactions on Signal Processing，2004，52（3）：582-591.

[2] Kim S J. An interior-point method for large-scale l_1-regularized least squares[J]. IEEE Journal of Selected Topics in Signal Processing，2008，1（4）：606-617.

[3] Figueiredo M A T，Nowak R D，Wright S J. Gradient projection for sparse reconstruction：Application to compressed sensing and other inverse problems[J]. IEEE Journal of Selected Topics in Signal Processing，2007，1（4）：586-597.

[4] Tropp J A. Greed is good：Algorithmic results for sparse approximation[J]. IEEE Transactions on Information Theory，2004，50（10）：2231-2242.

[5] Tropp J A，Gilbert A C. Signal recovery from random measurements via orthogonal matching pursuit[J]. IEEE Transactions on Information Theory，2007，53（12）：4655-4666.

[6] Blumensath T，Davies M E. Iterative hard thresholding for compressed sensing[J]. Applied and Computational Harmonic Analysis，2009，27（3）：265-274.

[7] Hosein M，Massoud B Z，Christian J. A fast approach for overcomplete sparse decomposition based on smoothed l_0 norm[J]. IEEE Transaction on Signal Processing，2009，57（1）：289-301.

[8] Blumensath T，Davies M E. Normalized iterative hard thresholding：Guaranteed stability and performance[J]. IEEE Journal of Selected Topics in Signal Processing，2010，4（2）：298-309.

[9] 王军华，黄知涛，周一宇，等. 基于近似 l_0 范数的稳健稀疏重构算法[J]. 电子学报，2012，40（5）：1185-1189.

[10] Wu F Y，Tong F. Gradient optimization p-norm-like constraint LMS algorithm for sparse system estimation[J]. Signal Processing，2013，93（4）：967-971.

[11] Wu F Y，Tong F. Non-uniform norm constraint LMS algorithm for sparse system identification[J]. IEEE Communication Letters，2013，17（2）：385-388.

[12] Jin J，Gu Y，Mei S. A stochastic gradient approach on compressive sensing signal reconstruction based on adaptive filtering framework[J]. IEEE Journal of Selected Topics in Signal Processing，2010，4（2）：409-420.

[13] Shi K，Shi P. Adaptive sparse Volterra system identification with l_0-norm penalty[J]. Signal Processing，2011，91（10）：2432-2436.

[14] 李树涛，魏丹. 压缩传感综述[J]. 自动化学报，2009，35（11）：1369-1377.

[15] 刘芳，武娇，杨淑媛，等. 结构化压缩感知研究进展[J]. 自动化学报，2013，39（12）：1980-1995.

[16] Li W，Preisig J C. Estimation of rapidly time-varying sparse channels[J]. IEEE Journal of Oceanic Engineering，2007，32（4）：927-939.

[17] Palais R S. A simple proof of the Banach contraction principle[J]. Journal of Fixed Point Theory and Applications，2007，2（2）：221-223.

[18] Stojanovic M. Retrofocusing techniques for high rate acoustic communications[J]. Journal of the Acoustical Society of America，2005，117（3）：1173-1185.

[19] 张成，杨海蓉，韦穗.基于随机间距稀疏 Teoplitz 测量矩阵的压缩传感[J]. 自动化学报，2012，38（8）：1362-1369.

第6章 双扩展水声信道的时延-多普勒域稀疏估计

在多径及时变条件下，水声信道表现出典型的时延、多普勒双重扩展，即存在由多个声传播路径导致的延迟扩展，以及由发射器和接收器之间的相对运动或水面波动导致的多普勒频移扩展。水声信道的时延-多普勒双扩展特性对水声信道估计、水声通信造成极大困难。

由于水声信道具有的多径稀疏结构，基于有限冲激响应（finite impulse response，FIR）模型的稀疏水声信道估计方法被广泛使用于水声信道估计。为了适应多径水声信道的不同稀疏度，在第3章介绍了非均匀范数（non-uniform norm，NN）的概念[1]并将其引入水声信道自适应估计，即根据FIR水声信道响应中各抽头的相对幅值大小分别分配为l_1范数或l_0范数约束，并将非均匀范数约束（NNC）施加于LMS自适应算法代价函数中进行FIR模型水声信道估计，即验证了将NNC与LMS算法相结合可提高水声信道估计性能的有效性。

然而，基于FIR模型的自适应信道估计方法要求信道在一定时间范围内保持稳定，并不适合于具有双扩展特性的快速时变水声信道。本章介绍将非均匀范数引入时延-多普勒双扩展模型进行稀疏水声信道估计的工作，通过对时延-多普勒双扩展模型非均匀范数优化的理论分析及仿真、海试实验验证，体现出该稀疏约束项在稀疏信号恢复性能上的优越性。

6.1 双扩展水声信道

时延-多普勒模型将双扩展水声信道建模为时延-多普勒域上稀疏抽头的组合，降低了模型参数对时变的敏感性，对时变水声信道具有更好的适应性。估计时延-多普勒双扩展水声信道的基本方法是匹配滤波，然而这种方法的主要缺陷是要求发送信号有尖锐相关峰和低旁瓣，在应用中有很大的限制。

时延-多普勒二维模型下双扩展水声信道估计可转换为时延-多普勒域的稀疏恢复问题，因此可采用压缩感知领域的经典算法进行求解，如基于l_1范数优化算法、基于SL0优化算法，与经典的理想稀疏结构不同，不同类型海面、海底界面及水体介质反射、折射造成水声信道多径具有离散、连续等不同类型稀疏分布，导致不同的稀疏度。基于经典l_1范数和SL0的稀疏恢复算法对水声信道时延-多普勒域不同的稀疏度适应程度有限，影响了求解精度。

Gupta 和 Preisig 提出结构混合范数（geometric mixed norm）方法进行时延–多普勒域水声信道估计[2]，该方法通过引入一个稀疏加权系数进行 l_1 范数和 l_2 范数的加权混合以改善对水声信道不同稀疏度的适应，但要求适当选取算法中的稀疏加权系数以保证性能。

Li 和 Preisig 采用 MP 算法及 OMP 算法解决时延–多普勒参数优化以估计快速时变水声信道[3]，但贪婪搜索算法可能收敛于局部极小点，无法保证全局最优。Jiang 等[4]研究了基于共轭梯度算法进行时延–多普勒参数快速估计，该方法需要将压缩矩阵的行与列都变为原来的两倍，导致额外的计算开销。

基于水声信道时延–多普勒模型，本章引入文献[1]提出的 NNC 并将其扩展到时延–多普勒二维域，根据水声信道在时延–多普勒域幅值的相对大小分别分配为 l_1 范数或 l_0 范数约束进行约束计算，从而可以范数约束不同组合的方式进行水声信道不同稀疏度的适应。本章进一步推导了非均匀范数的时延–多普勒域迭代优化过程，即迭代过程中通过最速下降法最小化 NNC，再将所得到的解进行时延–多普勒域上的投影。最后给出了数值仿真和水声通信实验结果，以验证该算法对双扩展水声信道的估计性能的改善。

本章中用到的符号和标记说明：角标*、T、H 分别代表求共轭、转置和埃尔米特转置；$\mathbf{1}_{m \times n}$ 和 $\mathbf{0}_{m \times n}$ 分别代表大小为 $m \times n$ 的全 1 和全 0 的矩阵；符号 $\| \boldsymbol{a} \|$ 代表对向量 $\boldsymbol{a}$ 求欧氏范数；$\| \boldsymbol{a} \|_1$ 表示对向量 $\boldsymbol{a}$ 求 l_1 范数，即对向量 $\boldsymbol{a}$ 各元素的绝对值和；$\| \boldsymbol{a} \|_0$ 表示对向量 $\boldsymbol{a}$ 求 l_0 范数，即对向量 $\boldsymbol{a}$ 各非零元素的个数求和；符号 $\boldsymbol{A}^{\dagger}$ 表示对矩阵 $\boldsymbol{A}$ 求伪逆；$\boldsymbol{a} \otimes \boldsymbol{b}$ 表示求克罗内克乘积（Kronecker product）。

6.2 双扩展水声信道的稀疏模型

考虑线性时变（linear time-varying，LTV）信道，信道响应记为 $h(t, \tau)$，其中，时延为 τ，观测时间为 t，输入输出的关系表示为

$$y(t) = x(t) * h(t, \tau) + w(t) \qquad (6.1)$$

式中，$x(t)$ 和 $y(t)$ 分别表示发送和接收信号；$*$ 表示卷积；$w(t)$ 表示加性噪声。时延–多普勒扩展函数 $u(\tau, f)$ 定义为水声信道响应对观测时间 t 的傅里叶变换：

$$u(\tau, f) = \int h(t, \tau) \mathrm{e}^{-\mathrm{j} 2 \pi f t} \mathrm{d} t \qquad (6.2)$$

式中，f 表示多普勒频移量。那么 LTV 信道的输入输出关系可以重新表示为

$$y(t) = \iint x(t - \tau) u(\tau, f) \mathrm{e}^{\mathrm{j} 2 \pi f t} \mathrm{d} \tau \mathrm{d} f + w(t) \qquad (6.3)$$

式中，接收信号 $y(t)$ 包含了对发送信号 $x(t)$ 的时延参数 τ 以及频移参数 f。

记参数 Δt、$\Delta \tau$ 和 Δf 分别为观测时间、时延以及多普勒频移的采样间隔，离散化的观测时间表示为 $t_n = n\Delta t (n = 1, 2, \cdots, N)$，离散化的时延表示为

$$\tau_m = \tau_0 + (m-1)\Delta \tau, \quad m = 1, 2, \cdots, M \qquad (6.4)$$

式中，参数 τ_0 是参考时延；M 是最大的时延采样维度，称为水声信道阶数。相应地，离散化时变信道响应为 $h[t_n, \tau_m]$。定义采样的多普勒频移为

$$f_l = f_0 + (l-1)\Delta f, \quad l = 1, 2, \cdots, L \qquad (6.5)$$

式中，f_0 是可能出现的最小多普勒频移值；L 是最大的多普勒采样维度。因此，二维的时延-多普勒维度大小表示为 LM。设 $\Delta t = \Delta \tau = \dfrac{1}{f_s}$，其中 f_s 是信号频率采样率，则离散化的输入输出关系式可写为

$$y[t_n] = \sum_{m=1}^{M}\sum_{l=1}^{L} u[\tau_m, f_l] \mathrm{e}^{\mathrm{j}2\pi f_l t_n} x[t_n - \tau_m] + w[t_n] \qquad (6.6)$$

正如文献[5]、[6]所指出的那样，在时变条件下假设函数 $u[\tau_m, f_l]$ 在 N 个采样间隔中保持不变比假设 $h[t_n, \tau_m]$ 保持不变容易满足，即时延-多普勒模型对时变信道有较好的适应性。因此，结合发送信号 $x[t_n]$ 和观测信号 $y[t_n]$ 对时变水声信道 $h[t_n, \tau_m]$ 的估计可等效为在二维平面上对时延-多普勒双扩展函数 $u[\tau_m, f_l]$ 的估计。

定义 $\boldsymbol{u} = [u_{1,1}, \cdots, u_{1,M}, u_{2,1}, \cdots, u_{2,M}, \cdots, u_{L,1}, \cdots, u_{L,M}]^{\mathrm{T}}$，其维数为 $(LM) \times 1$，则式（6.6）可重写为

$$\boldsymbol{y} = (\boldsymbol{\varphi}[t_n] \otimes \boldsymbol{x}[t_n])^{\mathrm{T}} \boldsymbol{u} + \boldsymbol{w} \qquad (6.7)$$

式中，$\boldsymbol{\varphi}[t_n] = [\mathrm{e}^{\mathrm{j}2\pi f_1 t_n}, \mathrm{e}^{\mathrm{j}2\pi f_2 t_n}, \cdots, \mathrm{e}^{\mathrm{j}2\pi f_L t_n}]^{\mathrm{T}}$ 的维数是 $L \times 1$；$\otimes$ 表示 Kronecker 乘积；$\boldsymbol{x}[t_n] = [x_{n+M-1}, \cdots, x_{n+1}, x_n]^{\mathrm{T}}$ 的维数为 $M \times 1$。定义 $\boldsymbol{y} = \{y[t_1], y[t_2], \cdots, y[t_N]\}^{\mathrm{T}}$，$\boldsymbol{a}[t_n] = \boldsymbol{\varphi}[t_n] \otimes \boldsymbol{x}[t_n]$，$\boldsymbol{A} = \{\boldsymbol{a}[t_1], \boldsymbol{a}[t_2], \cdots, \boldsymbol{a}[t_N]\}^{\mathrm{H}}$，可得到以下输入输出关系[3]：

$$\boldsymbol{y} = \boldsymbol{A}\boldsymbol{u} + \boldsymbol{w} \qquad (6.8)$$

式中，$\boldsymbol{y}$ 和 $\boldsymbol{w}$ 的维数都为 $N \times 1$；$\boldsymbol{A}$ 和 $\boldsymbol{u}$ 的维数分别为 $N \times (LM)$、$(LM) \times 1$。

仿真中信道响应 $\boldsymbol{u}$ 可以预先设定，因此对不同算法的信道估计 SNR 的定义如下：

$$\mathrm{SNR} = 20 \cdot \log_{10} \frac{\|\boldsymbol{u}\|}{\|\boldsymbol{u} - \hat{\boldsymbol{u}}\|} \qquad (6.9)$$

式中，$\hat{u}$ 是不同算法对时延-多普勒水声信道的估计值。

考虑到实际环境中真实水声信道响应是无法获取的，可将信号预测误差 e_y^2 作为不同算法的性能评价指标用于评价各算法对水声信道的估计性能，定义为

$$e_y^2 = \| y - A\hat{u} \|_2^2 \qquad (6.10)$$

同时，信号恢复精度（signal recovery accuracy，SRA）作为一种性能评价指标，定义为

$$\text{SRA} = 10 \cdot \log_{10} \frac{\| y \|^2}{\| e_y \|^2} \qquad (6.11)$$

式中，$\| e_y \|^2$ 表示式（6.10）对不同水声信道估计算法的误差函数能量。

6.3 双扩展水声信道的时延多普勒域稀疏估计

水声信道时延-多普勒双扩展函数估计在数学上表现为二维稀疏信号恢复问题：

$$u_{\text{opt}} = \arg\min_{u}(\lambda \| y - Au \| + (1-\lambda) \| u \|_0) \qquad (6.12)$$

式中，u_{opt} 为水声信道时延-多普勒双扩展函数的稀疏优化解；$0 < \lambda \leqslant 1$ 为平衡 $\| y - Au \|$ 和最小化 $\| u \|_0$ 范数的优化参数。为获得时延-多普勒双扩展函数的稀疏解 u，最小化 $\| u \|_0$ 范数即最小化非零抽头个数，但直接求解最小 $\| u \|_0$ 范数是一个 NP 难问题，且对噪声特别敏感（因为任何小的噪声量都将彻底改变向量的范数值）。通常的处理方法[3, 7, 8]是用 $\| u \|_1$ 范数取代 $\| u \|_0$ 范数，由此导致的缺点是求解精度有限[7]。

为避免 $\| u \|_0$ 范数造成的不连续性和对噪声的敏感性以及采用 $\| u \|_1$ 范数导致的有限精度，文献[9]、[10]提出利用似 p 范数进行最小 $\| u \|_0$ 范数近似，构建代价函数为

$$u_{\text{opt}} = \arg\min_{u}(\| y - Au \| + \lambda \| u \|_p^p) \qquad (6.13)$$

式中，最后一项 $\lambda \| u[\tau_m, f_l] \|_p^p$ 称为 l_p 范数约束项，且 $\| u[\tau_m, f_l] \|_p^p$ 的定义与文献[9]、[10]中的类似，为

$$\| u[\tau_m, f_l] \|_p^p = \sum_{i=1}^{LM} |u_i|^p, \quad 0 \leqslant p \leqslant 1 \qquad (6.14)$$

当 p 值取 0 和 1 时将分别得到 l_0 范数和 l_1 范数，可利用非均匀范数，即根据

稀疏向量中不同元素的相对幅度分别分配 $p=0$ 和 $p=1$ 值。本章将 NN 概念引入时延-多普勒域向量 $\boldsymbol{u}$，与文献[1]中 FIR 框架下的应用不同，本章将 NN 推广到时延-多普勒二维域。

通过在时延-多普勒域引入 $\mathrm{NN}\|\boldsymbol{u}\|_N$，时延-多普勒域信道估计问题转化为下列非均匀范数稀疏恢复问题：

$$\begin{cases} \min_{\boldsymbol{u}} f(\boldsymbol{u}) = \lambda \|\boldsymbol{u}\|_N & (6.15a) \\ \min_{\boldsymbol{u}} g(\boldsymbol{u}) = \|\boldsymbol{y} - \boldsymbol{A}\boldsymbol{u}\| & (6.15b) \end{cases}$$

对于问题（6.15a），采用最陡梯度下降法可得第 j 步迭代解 $\boldsymbol{u}_j[\tau_m, f_l]$ 为

$$\boldsymbol{u}_j[\tau_m, f_l] = \boldsymbol{u}_{j-1}[\tau_m, f_l] - \mu\lambda \frac{\partial \|\boldsymbol{u}_{j-1}[\tau_m, f_l]\|_N}{\partial \boldsymbol{u}_{j-1}[\tau_m, f_l]}$$

$$= u_{j-1}(i) - \mu\lambda \frac{p_i \, \mathrm{sgn}[u_{j-1}(i)]}{|u_{j-1}(i)|^{1-p_i}}$$

$$m = 1, 2, \cdots, M, \quad l = 1, 2, \cdots, L, i = \underbrace{1\cdots M}_{\text{第1组}} \cdots \underbrace{(l-1)M+1\cdots lM}_{\text{第}l\text{组}} \cdots \underbrace{(L-1)M+1\cdots LM}_{\text{第}L\text{组}}$$

$$(6.16)$$

式中，μ 为步长参数。

为在算法的收敛速率及恢复偏差两者之间进行平衡，$\boldsymbol{u}_j$ 中的元素 $u_j(\tau_m, f_l)$ [或记为 $u_j(i)$，因为指标 i 可以定位到 τ_m 和 f_l] 可以根据水声信道时延-多普勒域各幅值的相对"大""小"分成两类。对于"大"类 $u_j(\tau_m, f_l)$，p_i 应减少恢复偏差而进行优化。具体地，p_i 得出的 NNC 可以分别根据 $|u_j(i)| > v_j$ 或 $|u_j(i)| \leq v_j$ 得到 0 或 1，即 $\arg\min_{p_i}[p_i |u_j(i)|^{p_i-1}] = 0$，$i = \arg(u_j(i) > v_j)$，其中 $v_j = k \cdot E(|\boldsymbol{u}_j|)$。实际运算中 $E(|\boldsymbol{u}_j|)$ 可通过对 $|\boldsymbol{u}_j|$ 求平均数代替，$k > 0$ 是可调参数。为简便起见，重写式（6.16）第 j 步迭代如下：

$$\boldsymbol{u}_j = \boldsymbol{u}_{j-1} - \mu\lambda \, \mathrm{sgn}(\boldsymbol{u}_{j-1}) \boldsymbol{f}_{j-1} \qquad (6.17)$$

式中，$\boldsymbol{f}_j = \frac{\mathrm{sgn}(v_j \cdot \mathbf{1} - |\boldsymbol{u}_j|) + 1}{2}$。与 l_0 范数和 l_1 范数不同，非均匀范数根据时延-多普勒域 $u(i)$ 每个元素，最小化 NNC 的稀疏重构偏差在处理"大"类 $u(i)$ 时会消失，而对 $u(i)$ 中的"小"类分量将保留，因此在这两类分量之间寻求平衡。引入重构参数 $\varepsilon > 0$，式（6.17）变为

$$\boldsymbol{u}_j = \boldsymbol{u}_{j-1} - \mu\lambda \boldsymbol{D} \boldsymbol{f}_{j-1} \, \mathrm{sgn}(\boldsymbol{u}_{j-1}) \qquad (6.18)$$

式中，$\boldsymbol{D} = \mathrm{diag}\left(\dfrac{1}{1+\varepsilon|u_{j-1}(1)|}, \cdots, \dfrac{1}{1+\varepsilon|u_{j-1}(i)|}, \cdots, \dfrac{1}{1+\varepsilon|u_{j-1}(LM)|}\right)$。同时，随着

迭代算法的收敛,式(6.18)中的分类阈值也应该动态进行调整分配。具体来讲,在迭代初始阶段,v_j 应该稍大一些以确保稀疏恢复的全局最优从而归类更多分量为"小"类。随着迭代的继续进行,分类的阈值逐渐减小以尽量减少恢复偏差。因此 k 在每 J 次迭代完成更新一次,其中 J 是预先给出的迭代循环次数,k 的迭代表示为

$$k = dk \tag{6.19}$$

式中,$0 < d < 1$ 是一个收缩参数。类似地,经过 J 次迭代后梯度优化使用的步长 μ 逐步调整过程为

$$\mu = d\mu \tag{6.20}$$

最后投影式(6.18)中的 NNC 解至信号重构的可行集 $U = \{u \mid Au = y\}$ 中:

$$u_j = u_j + A^H(AA^H)^{-1}(y - Au_j) \tag{6.21}$$

本节所提的 NNC 双扩展信道估计算法对应的 MATLAB 伪代码描述如算法 6.1 所示。

算法 6.1　NNC 信道估计算法伪代码

给定	$\mu_{\text{th}}, k, \varepsilon, \lambda, d, J, A, y$;
初始化	$u_0 = A^T(AA^T)^{-1}y$; $\mu = \dfrac{1}{\max(\mid u_0 \mid)}$;
当	$\mu > \mu_{\text{th}}$ for $j = 1 : J$ 　　$f_{j-1} = \dfrac{\text{sgn}(k \cdot E(\mid u_{j-1} \mid) - \mid u_{j-1} \mid) + 1}{2}$; 　　$u_j = u_{j-1} - \mu\lambda Df_{j-1}\,\text{sgn}(u_{j-1})$; 　　$u_j = u_j + A^H(AA^H)^{-1}(y - Au_j)$; endfor $\mu = d\mu$; $k = dk$;
结束 输出	获得解 u

6.4　估计算法复杂度分析与性能评估

对本章算法及几种对比稀疏恢复算法的计算复杂度进行如下分析:考虑到 A 是 $N \times (ML)$ 的矩阵,而 κ 表示稀疏度,即非零抽头的个数。两个矩阵运算 Ah 或 $A^T y$ 的时间,对于非稀疏矩阵而言,其相当于 $2MNL$ 次运算,$L = O(\log_{10}(ML))$ 表示对解所要求的比特精度,如表 6.1 所示。

表 6.1　不同算法的复杂度

算法名称	运算量
l_1	$O((MNL)^3)$
MP	$O(MN\kappa)$
OMP	$L + O(MN\kappa)$
NNC（SL0）	$2MNL + O(\log_{10}(MNL))$
FPGM	$2MNL + O(NL\log_{10}(N))$

　　水声通信中信道估计的目的是给均衡器提供准确的信道冲激响应信息，最终提高通信性能，因此信道估计质量对于均衡器设计及通信性能起着重要作用。对于无法获得真实水声信道特性进行性能评估的海试实验场景，可采用线性最小均方误差（minimum mean-square error，MMSE）均衡器作为通信接收机恢复发送信号，并根据其性能评估不同信道估计算法。

　　根据估计算法获得时延–多普勒水声信道响应来设计 MMSE 均衡器的过程简述如下。

　　根据水声信道的输入输出关系：

$$y = Hx + w \tag{6.22}$$

式中，$x = [x(0), \cdots, x(N_s - 1)]^T$ 为发送序列，且 $N_s = N + 1 - M$；矩阵 H 描述了信道的传递作用且可由信道估计获得的时延–多普勒函数计算得到

$$H = \sum_{l=1}^{L} \Phi_l U_l \tag{6.23}$$

其中

$$\Phi_l = \text{diag}[1, e^{j2\pi f_l i\delta t}, \cdots, e^{j2\pi f_l (N-1)\delta t}] \tag{6.24}$$

是一个 $N \times N$ 的对角矩阵，而特普利茨矩阵 U_l 维数为 $N \times N_s$，由向量 $u_l = [U(0, l), \cdots, U(M-1, l)]^T$ 构造而成。具体排列方式为

$$U_l = \begin{bmatrix} U(0,l) & 0 & \cdots & 0 \\ U(1,l) & U(0,l) & & \vdots \\ \vdots & \vdots & \cdots & 0 \\ U(M-1,l) & U(M-2,l) & \cdots & U(0,l) \\ 0 & U(M-1,l) & \cdots & U(1,l) \\ \vdots & \vdots & & \vdots \\ 0 & 0 & \cdots & U(M-1,l) \end{bmatrix}$$

最终 MMSE 均衡器输出的对发送信号的估计值表示为

$$\hat{x} = (H^{\mathrm{H}}H + \sigma_w^2 I)^{-1} H^{\mathrm{H}} y \qquad (6.25)$$

式中，I 表示单位矩阵；σ_w^2 表示噪声能量的参数；y 表示接收端的信号向量；$\hat{x}$ 表示均衡器对发送端信号的估计值。MMSE 均衡器各项参数是基于时延–多普勒扩展函数获得的，因此可以通过均衡器输出结果的误码率从通信角度评估信道估计方法性能。

6.5　双扩展水声信道估计数值仿真

数值仿真采用离散化的时变多径信道模型产生接收信号：

$$y(t) = \sum_{p=1}^{P} a_p s(t - \tau_p) \mathrm{e}^{-\mathrm{j}2\pi f_v t} + w(t) \qquad (6.26)$$

仿真双扩展信道各径的初始时延、多普勒频移、复数幅度参数设置如表 6.2 所示。仿真信道的时变冲激响应如图 6.1（a）所示，对应的时延–多普勒扩展函数如图 6.1（b）所示，从图 6.1 可以看出，第一径固定不变，第二、三径呈现明显的多普勒扩展。

表 6.2　仿真信道多径时延、多普勒参数设置

参数	第一径	第二径	第三径
初始时延/ms	25	50	75
多普勒频移/Hz	0	5	5
复数幅度	0.85 + 0.95j	0.7 + 0.8j	0.6 + 0.65j

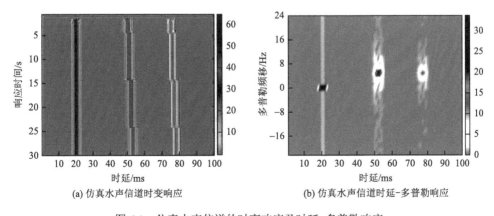

(a) 仿真水声信道时变响应　　　　　　(b) 仿真水声信道时延–多普勒响应

图 6.1　仿真水声信道的时变响应及时延–多普勒响应

仿真发射信号为 QPSK 格式，波特率设为 $f_b = 2\mathrm{kbaud}$，发送序列长度为 15000。

时延和观测时间采样间隔设置为 1/5 的符号长度 T_b。仿真中采用高斯白噪声产生不同的信噪比。

本章算法中，设定最小、最大以及多普勒频移间隔分别是 $f_{min} = -30\text{Hz}$，$f_{max} = 30\text{Hz}$ 和 $\Delta f = 1\text{Hz}$，对应最大多普勒采样维度 $L = 60$。信道估计阶数设置为 $M = 90$，因此有 $ML = 5400$ 未知参数待估计。选取观测序列长度 $N = 1500$ 产生维度为 $N \times (ML) = 1500 \times 5400$ 的 A 矩阵。

仿真中，本章算法的参数设置为 $d = 0.8$，$\varepsilon = 4$，$\lambda = 0.01$，$J = 5$，$k = 8$，其中 k 是初始值，算法的终止阈值为 $\mu_{th} = 0.001$，稀疏度设置为 $\kappa = 30$。用于性能对比的经典算法按照信道估计 SNR 最高进行算法参数设置，具体算法参数如下：SL0 算法为 $J = 3, d = 0.5, \mu_{th} = 0.001$；MP、OMP、$l_1$ 各算法均采用稀疏度 $\kappa = 30$ 作为迭代次数。

所有算法在相同情况下重复计算 100 次取平均，在此过程中发送序列和混合矩阵都随机生成。

第一个仿真实验用于测试本章算法以及 MP、OMP、l_1、SL0 算法的时延-多普勒双扩展函数解。不同算法获得信道估计 SNR 如图 6.2 所示。从图 6.2 中可以看出本节所提 NNC 算法产生的结果性能最好。分析其原因在于：时延-多普勒域的稀疏度在 NNC 函数中得到了更好的利用，从而使得算法在稀疏恢复与估计偏差之间得到了很好的权衡。

第二个实验用以评价本章算法性能对 k 参数的敏感性。设置 $SNR = 16\text{dB}$，不同的 k 参数由 $k = 8 + 5(i-1), i = 1, 2, \cdots, 5$ 产生。其他算法参数与第一个仿真实验相同。SRA 结果如图 6.3 所示。从图 6.3 可以看出，尽管 k 变化明显，但本章所提算法的收敛速率几乎相同，展示出其对 k 参数有较好的鲁棒性。

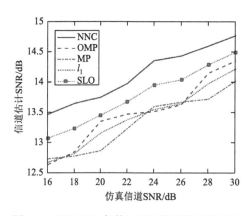

图 6.2　不同 SNR 条件下不同算法的信道估计 SNR 曲线

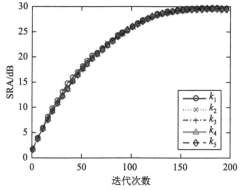

图 6.3　本章算法在不同 k 参数下的 SRA 值曲线

为展示不同算法对时延−多普勒的恢复效果，设置接收信号信噪比为 10dB，实验中由 MP、OMP、l_1、SL0 以及本章所提算法获得的双扩展函数如图 6.4（a）〜（e）所示。各算法均采用了稀疏约束进行求解，得到不同程度的稀疏解，从信道估计结果来看，NNC 算法的结果最接近仿真信道的真实值。

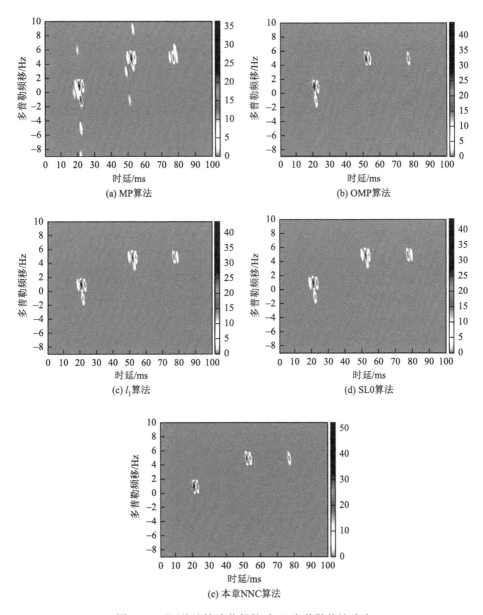

图 6.4　不同估计算法获得的时延−多普勒估计响应

6.6　双扩展水声信道估计海试实验

实验数据来自厦门某海域，实验海域水深约 9m，发射器深度为 3m，接收器深度为 2.5m，收发距离 1km。水声通信信号采用 QPSK 调制，通信速率为 8kbit/s，载频 16kHz。实验中原始接收信号的信噪比约为 14dB。

海试实验中算法参数设置为 $\Delta t = \Delta \tau = 1/4\text{ms}, M = 100, N = 400, L = 19$，多普勒最小、最大维度以及频率采样间隔分别为 $f_{\min} = -4\text{Hz}, f_{\max} = 4\text{Hz}, \Delta f_l = 0.4\text{Hz}$。因此存在 $ML = 1900$ 未知参数待估计，观测序列长度 $N = 400$ 用于构造 $N \times (ML) = 400 \times 1900$ 的矩阵 A。稀疏度设置为 $\kappa = 40$，所提 NNC 算法其他参数设置与仿真实验相同。

用于性能对比的经典算法均按照对应均衡器 BER 最低进行算法参数设置，具体算法参数如下：SL0 算法为 $J = 3, d = 0.5, \mu_{\text{th}} = 0.001$；MP、OMP、$l_1$ 各算法采用稀疏度 $\kappa = 40$ 作为迭代次数。利用 OMP 算法获得的实验信道时变响应如图 6.5 所示。可以看出，实验水声信道的多径结构明显，不同多径呈现出不同的稀疏特性，其中，第一径幅度较强，稀疏分布呈较理想的离散特性，并具有较好的稳定性；第二径则由一簇较为微弱的稀疏分量组成，具有散射特性。

如图 6.5 中红线所示时刻，得到分别由 LSQR、MP、OMP、l_1、SL0 以及所提算法获得的信道时延-多普勒函数如图 6.6（a）～（f）所示。其中，LSQR 算法未采用稀疏约束策略，但仍可以看出水声信道的时延-多普勒结构具有明显的稀疏特征，而该方法计算的结果只能粗略看出多径分布，无法精确定位多普勒轴的频移量。由图 6.6 可以看出多普勒频移扩展范围为 2～3.5Hz。同时，MP、OMP、l_1、SL0 以及 NNC 算法采用了稀疏约束进行求解，得到不同程度的稀疏解。

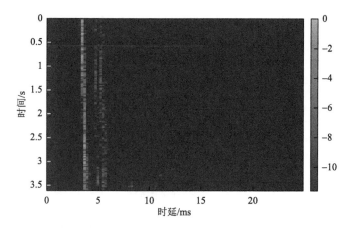

图 6.5　实验水声信道的时变响应（彩图附书后）

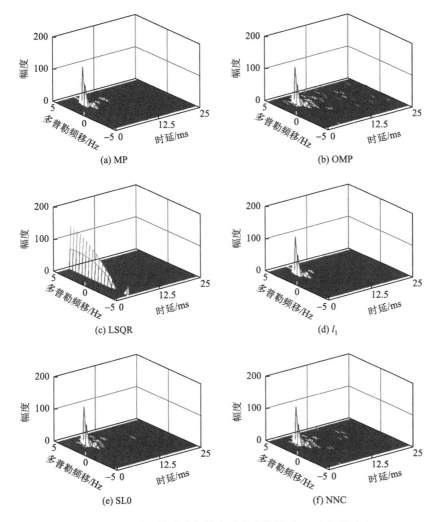

图 6.6　不同估计算法获得的实验水声信道时延-多普勒响应

　　图 6.7（a）中，不同算法对应的信道预测误差 $\|\boldsymbol{e_y}\|^2$ [1]更进一步用以评估不同算法的估计性能，也展示出与几种传统算法相比在此方面的优越性。各算法计算过程中对应的 BER 如图 6.7（b）所示，最终得到的平均 BER 分别为 10.35%、4.93%、4.43%、4.49%、4.11%、2.36%。由图 6.5、图 6.7 可以看出，各稀疏约束算法，尤其是 NNC 算法获得了比较低的信道预测误差和 BER 值。

　　图 6.8 给出了 LSQR、OMP、MP、SL0、l_1 以及 NNC 算法对应的均衡器输出星座图情况。从图中可以看出，采用 NNC 算法得到的 MMSE 均衡器输出与几种传统算法（包括 LSQR、MP、OMP、l_1、SL0 算法）相比具有更加紧凑的星座图分布和更小的码间干扰。

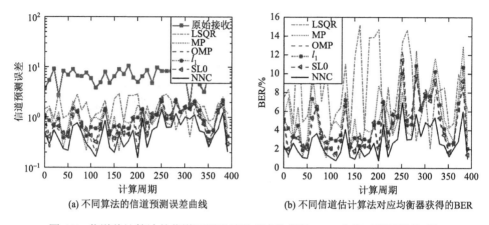

(a) 不同算法的信道预测误差曲线　　　　　　　(b) 不同信道估计算法对应均衡器获得的BER

图 6.7　信道估计算法的信道预测误差及对应均衡器 BER 曲线（彩图附书后）

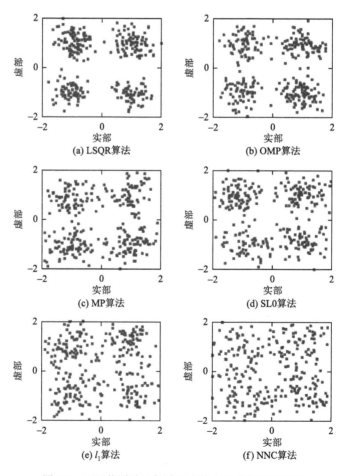

图 6.8　不同信道估计算法对应均衡器获得的星座图

　　考察本章算法在不同算法参数 k 值下的性能表现，以说明其对参数选择的鲁棒性。不同的 k 参数由 $k=8+5(i-1), i=1,2,\cdots,5$ 产生。其他算法参数与上述实验相同。BER 取平均值，结果如图 6.9 所示，可以看出尽管 k 变化明显，所提算法的收敛速率几乎相同，说明本章算法对 k 参数有较好的鲁棒性。

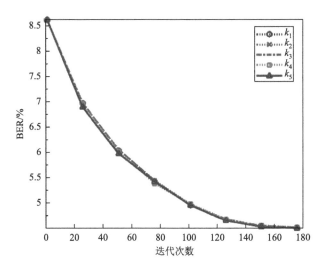

图 6.9　不同 k 值下本章算法对应均衡器获得的 BER 曲线（彩图附书后）

　　实验中本章算法各参数设置的讨论如下。

　　参数 d 是控制步长 μ 变化的一个因子，d 取值为 0～1，越接近 1，μ 变化越缓慢，则算法收敛速度变慢但收敛精度较高；相反，若 d 取值越接近 0 意味着 μ 变化越快，则算法收敛速度变快但收敛精度不高。在本次实验中，d 取值为 0.8。

　　重构参数 ε 与判决阈值参数 k 的选取与实际待估计信号的幅值呈正相关，本次实验中 ε 取值 3～5 为宜，而 k 取值 8～28 为宜。

　　目标函数中平衡因子 λ 反映了对稀疏度约束项的考量，该值取值较小，通常取值范围为 0.01～0.1。

　　算法迭代循环次数 J 主要涉及两方面：计算量和收敛精度。J 取值较大时，算法计算量较大，收敛精度也随之有所提高。然而，这种提高不是线性的。因此，综合考虑算法的运行成本及收敛精度等因素，J 取值在 2～5 为宜。

6.7　小　　结

　　本章通过在时延–多普勒域水声信道引入非均匀范数稀疏约束项设计信道估计算法，即将第 3 章介绍的 NNC 引入时延–多普勒二维域作为水声信道稀疏度的测量手段，并通过结合最陡梯度法和投影计算推导得到迭代优化求解方法。与传统的 l_0 或 l_1 范数不同，非均匀范数的引入将水声信道转化为时延-多普勒域一系列 l_0 或 l_1 范数约束的组合，并根据相对幅值大小选择其中的"大"值分量进行稀疏恢复迭代寻优，从而提高对水声信道不同稀疏度的适应，并使得算法在迭代次数和估计精度之间得到有效平衡。数值仿真和海试实验结果验证了本章算法的估计精度以及相对传统算法的优越性，同时，基于本章信道估计结果设计的均衡器有效改善了水声通信性能。

参 考 文 献

[1] Wu F Y, Tong F. Non-uniform norm constraint LMS algorithm for sparse system identification[J]. IEEE Communications Letters, 2013, 17 (2): 385-388.

[2] Gupta A S, Preisig J. A geometric mixed norm approach to shallow water acoustic channel estimation and tracking[J]. Physical Communication, 2012, 5 (2): 119-128.

[3] Li W, Preisig J C. Estimation of rapidly time-varying sparse channels[J]. IEEE Journal of Oceanic Engineering, 2007, 32 (4): 927-939.

[4] Jiang X, Zeng W J, Li X L. Time delay and Doppler estimation for wideband acoustic signals in multipath environments[J]. The Journal of the Acoustical Society of America, 2011, 130 (2): 850-857.

[5] 贾艳云, 赵航芳. 双扩展信道中的时-延多普勒匹配滤波[J]. 应用声学, 2012, 31 (1): 66-74.

[6] Stojanovic M. Efficient processing of acoustic signals for high-rate information transmission over sparse underwater channels[J]. Physical Communication, 2008, 1 (2): 146-161.

[7] Zeng W J, Xu W. Fast estimation of sparse doubly spread acoustic channels[J]. The Journal of the Acoustical Society of America, 2012, 131 (1): 303-317.

[8] Zeng W J, Jiang X, Li X L, et al. Deconvolution of sparse underwater acoustic multipath channel with a large time-delay spread[J]. The Journal of the Acoustical Society of America, 2010, 127 (2): 909-919.

[9] Wu F Y, Zhou Y H, Tong F, et al. Simplified p-norm-like constraint LMS algorithm for efficient estimation of underwater acoustic channels[J]. Journal of Marine Science and Application, 2013, 12 (2): 228-234.

[10] Wu F Y, Tong F. Gradient optimization p-norm-like constraint LMS algorithm for sparse system estimation[J]. Signal Processing, 2013, 93 (4): 967-971.

第7章 长时延扩展水声信道的联合稀疏恢复估计

随着海洋开发、海洋环境监测等领域对信息传输与获取的需求迅速增加，水声通信技术在海洋高科技领域的重要性日益凸显。与传统的无线信道相比，水声信道是个复杂的信道，其具有严重的时间、频率双重扩展。水声信道的随机复杂特性给水声通信带来了极大的困难和挑战。

借鉴无线通信领域的研究成果，水声相干通信系统可通过信道估计获得水声信道特性从而结合时反或者判决反馈均衡等信道匹配形式来抑制多径、提高通信接收机的检测信噪比[1-5]。例如，Kaddouri 等[1]采用最小二乘（least square，LS）信道估计算法来跟踪信道随时间的变化。结合 LS 算法和经验模态分解（empirical mode decomposition，EMD）算法可提高时变信道下信道估计的分辨率。Yang 等[2]采用最小均方误差算法和归一化最小均方（normalized least mean square，NLMS）算法在多输入多输出（MIMO）系统进行信道估计。

但是，由于海底、海面边界以及水体不均匀性对声传播的影响，水声信道往往呈现出远比无线信道恶劣的强多径、长时延扩展特性[6]，多径时延扩展长达数百毫秒[7]。此时，传统非稀疏信道估计算法性能急剧下降。例如，MMSE 信道估计算法因为涉及求矩阵的相关运算和求逆运算，在信道多径时延大的情况下，计算复杂度较高；LS 和 LMS 信道估计算法随着信道时延的加长，其滤波器的长度也线性变长，迭代的次数也相应变大，影响信道估计结果，同时也要求更长的训练序列开销，造成通信效率的损失。

针对水声信道多径分布具有典型的稀疏特性，近年快速发展的压缩感知理论可将水声信道估计转换为稀疏恢复问题[8-10]，可有效利用水声信道多径稀疏特性提高信道估计性能。Qu 等[8]在双重扩展水声信道建立数学模型，通过 OMP 算法求出信道多径时延和多普勒频移，联合二阶信道估计算法和 OMP 算法可以提高信道估计的分辨率。Byun 等[9]针对宽带多通道接收阵列信道估计问题，建立角度时延-多普勒时延函数来量化水声信道，并用压缩感知方法优化模型。Song 等[10]利用 MP 算法进行稀疏信道重建，并比较了 LS 信道估计算法和 OMP 信道估计算法获取信道特性用于时反处理的通信性能，表明 OMP 信道估计算法在水声信道估计中的优势。

但是，OMP 信道估计算法本质上是训练序列与字典原子匹配相关的过程，因此要求训练序列相对信道阶数有足够的长度以保证匹配相关效果及估计性能。对于长时延扩展水声信道，这意味着需要很长的训练序列来保证稀疏估计精度。一方面，增加了系统开销，降低了通信效率；另一方面，过长的训练序列使得水声信道往往难以满足在此期间保持稳定的前提条件。

考虑到对于缓变水声信道，在接收水声信号的数据块之间的信道多径稀疏结构具有一定的相关性，这种多径稀疏结构的相关性为进一步改善水声信道估计提供了可能。Baron 等对多个信号稀疏性具有相关的现象提出了分布式压缩感知（distributed compressed sensing，DCS）理论[11]，通过利用多个信号的共同稀疏性进行联合重构可进一步提高稀疏重建性能。Baron 等针对典型的分布式稀疏信号提出三种联合稀疏模型（joint sparsity model，JSM）。其中，JSM1 模型中每个信号由稀疏共同部分和特有部分组成，JSM2 模型中信号间具有相同的稀疏支撑集而只是非零系数不同，JSM3 模型中信号由非稀疏共同部分和稀疏独立部分组成。上述三种模型代表了三种不同类型的物理场景，其中 JSM2 模型已应用于无线传感器网络簇头至各节点的信道估计[12]。分布式压缩感知理论在无线电网络通信[12, 13]中已得到较为广泛的研究应用，但在水声通信领域还不多见。

考虑到水声数据块之间信道多径稀疏特性存在的相关性，本章介绍了在分布式压缩感知框架下的长时延扩展水声信道稀疏估计方法。具体地，通过将稀疏长时延水声信道估计转换成 JSM2 模型下的联合稀疏恢复问题，本章设计了一种联合数据块同步正交匹配追踪（joint N blocks simultaneous orthogonal matching pursuit，JNSOMP）算法，利用数据块与数据块多径稀疏特性的相关性进行联合稀疏恢复信道估计，从而达到降低训练序列开销、提高稀疏长时延水声信道估计性能的目的。最后仿真实验和海试实验结果表明了本章算法的有效性。

7.1　系　统　模　型

7.1.1　水声通信系统模型

对于单发射和单接收水声通信系统，假设发射信号为 $x(n)$，经过水声信道 $h(n)$ 以后，在接收端接收到的信号为

$$y(n) = \sum_{i=0}^{L-1} x(i)h(n-i) + w(n) \tag{7.1}$$

式中，L 表示信道长度；$w(n)$ 表示加性噪声。

假设在 k 时刻对信号进行采样，信道在 P 个采样时间内保持稳定，则式（7.1）可以写成

$$y = Ah + w \tag{7.2}$$

式中，A 为 $P \times L$ 的特普利茨结构矩阵：

$$A = \begin{bmatrix} x(k+L) & x(k+L-1) & \cdots & x(k+1) \\ x(k+L+1) & x(k+L) & \cdots & x(k+2) \\ \vdots & \vdots & & \vdots \\ x(k+L+P-1) & x(k+L+P-2) & \cdots & x(k+P) \end{bmatrix} \tag{7.3}$$

$$\begin{cases} y = [y(k+L), y(k+L-1), \cdots, y(k+L+P-1)]^{\mathrm{T}} \\ h = [h(k,0), h(k,1), \cdots, h(k,L-1)]^{\mathrm{T}} \\ w = [w(k+L), w(k+L-1), \cdots, w(k+1)]^{\mathrm{T}} \end{cases} \tag{7.4}$$

可采用传统的 LS 或 MMSE 信道估计算法[10]求解式（7.2）并进行信道估计。但信道长度 L 较大时，需要较大的滤波器阶数和较大的迭代次数，不但会降低通信系统的效率，而且影响信道估计性能。本章采用的联合稀疏恢复估计算法可以解决上述问题。

7.1.2　压缩感知信道估计

考虑稀疏信号重构问题，即已知某一个测量矩阵 $\boldsymbol{\Phi} \in \mathbf{R}^{M \times N}$ $(M \ll N)$ 以及某未知信号 x，在该矩阵下的线性测量值 $y \in \mathbf{R}^M$ 为

$$y = \boldsymbol{\Phi} x \tag{7.5}$$

如果原始信号 x 是 K 稀疏的，且 y 和 $\boldsymbol{\Phi}$ 满足一定条件，理论证明 x 可由测量值 y 通过求最优 l_0 范数问题精确重构[14]。其中 $\tilde{\boldsymbol{\Phi}} = \boldsymbol{\Phi}\psi$ 为 $M \times N$ 传感矩阵。

在 CS 框架下，对具有稀疏特性的水声信道，式（7.2）可转换为 CS 稀疏恢复问题，可采用 OMP 算法进行求解[10]。文献[10]的研究表明，CS 估计算法由于抑制了信道非零抽头以外大量噪声的影响，其估计性能优于 LS 等传统估计算法。但是，当信道多径时延扩展较大时，OMP 算法需要采用较长的训练序列以保证期望信号和接收信号具有较好的相关性，因此造成训练序列开销的增大，以及在此期间信道保持稳定的前提条件难以满足。

7.1.3　分布式压缩感知信道估计

对于接收到的水声通信信号，各数据块间的多径结构存在较强的时间相关性，具体表现为所有数据块或其中某些数据块间多径位置相同，即具有相同的稀疏支

撑集，而只是幅度系数不同，符合经典 DCS 理论中 JSM2 模型。则 JSM2 模型下第 i 个数据块的冲激响应 $\boldsymbol{h}_i$ 可描述为

$$\boldsymbol{h}_i = \boldsymbol{\Psi}_i \boldsymbol{\Omega} + \boldsymbol{d}_i, \quad i \in (1, 2, \cdots, I) \tag{7.6}$$

式中，I 表示数据块个数。对于相邻数据块间具有时间相关性的水声信道，其响应由大量具有共同稀疏支撑集 $\boldsymbol{\Omega}$ 的多径成分和少量位置不同的差异成分 $\boldsymbol{d}_i$ 组成，其中各信道具有相同稀疏支撑集的多径成分只是稀疏支撑集系数 $\boldsymbol{\Psi}_i$ 不同。因此，基于分布式压缩感知的思想可对 JSM2 模型下的水声信道进行联合稀疏恢复估计，建立如下优化问题：

$$\begin{cases} \hat{\boldsymbol{H}} = \arg \min \sum_{i=1}^{N} (\| \boldsymbol{h}_i \|_1) \\ \text{s. t.} \| \boldsymbol{Y} - \boldsymbol{A}\boldsymbol{H} \|_2^2 \leqslant \varepsilon \end{cases} \tag{7.7}$$

式中，ε 为与噪声有关的一个参量；N 表示联合 N 个数据块进行联合稀疏重构；$\boldsymbol{H} = [\boldsymbol{h}_1, \boldsymbol{h}_2, \cdots, \boldsymbol{h}_N], \boldsymbol{H} \in \mathbf{C}^{LN \times 1}$；$\boldsymbol{Y} = [\boldsymbol{y}_1, \boldsymbol{y}_2, \cdots, \boldsymbol{y}_N], \boldsymbol{Y} \in \mathbf{C}^{PN \times 1}$，$\boldsymbol{y}_i$ 表示接收信号中的第 i 个数据块，定义为

$$\boldsymbol{y}_i = [y(k+L+i*B), y(k+L-1+i*B), \cdots, y(k+L+P-1+i*B)] \tag{7.8}$$

其中，B（$B \geqslant P$）为数据块长度；$i*B$ 表示数据块偏移量。构建观测矩阵 $\boldsymbol{A}$：

$$\boldsymbol{A} = \begin{bmatrix} \boldsymbol{X}_1 & \boldsymbol{0} & \cdots & \boldsymbol{0} \\ \boldsymbol{0} & \boldsymbol{X}_2 & \cdots & \boldsymbol{0} \\ \vdots & \vdots & & \vdots \\ \boldsymbol{0} & \boldsymbol{0} & \boldsymbol{0} & \boldsymbol{X}_N \end{bmatrix}, \quad \boldsymbol{A} \in \mathbf{C}^{PN \times LN} \tag{7.9}$$

式中

$$\boldsymbol{X}_i = \begin{bmatrix} x(k+L+i*B) & x(k+L-1+i*B) & \cdots & x(k+1+i*B) \\ x(k+L+1+i*B) & x(k+L+i*B) & \cdots & x(k+2+i*B) \\ \vdots & \vdots & & \vdots \\ x(k+L+P-1+i*B) & x(k+L+P-2+i*B) & \cdots & x(k+P+i*B) \end{bmatrix}$$

$$\tag{7.10}$$

上述联合稀疏恢复问题可用 SOMP 算法进行求解。

7.1.4　联合稀疏恢复水声信道估计算法

　　输入：N 个接收数据块 $\boldsymbol{Y} = [\boldsymbol{y}_1, \boldsymbol{y}_2, \cdots, \boldsymbol{y}_N], \boldsymbol{Y} \in \mathbf{C}^{PN \times 1}$；观测矩阵 $\boldsymbol{A} \in \mathbf{C}^{PN \times LN}$；最大迭代次数 K；残差误差门限 thres。

　　初始化：初始化残差 $\boldsymbol{r}_i^0 = \boldsymbol{y}_i, r_i^0 \in \mathbf{C}^{P \times 1}, i \in (1, 2, \cdots, N)$，上标表示迭代次数，下

标表示第 i 个数据块；初始化原子索引集 $\Omega = \varnothing$；初始化原子集 $\text{Phit}_i = \varnothing$；第 i 个数据块对应的多径系数 $\hat{h}_i = \varnothing, i \in (1, 2, \cdots, N)$；初始化迭代次数 $t = 1$。

（1）分别选取观测矩阵 A 的原子 X_i 残差 R_i^{t-1} 作内积，并求出 N 个数据块对应的内积和，计算内积和的最大位置 λ_t，保存 λ_t 和最大位置所对应的原子，即 X_i 对应的 λ_t 列表示为 X_{i,λ^t}。

$$\begin{cases} \lambda^t = \arg\max \sum_{i=1}^{N} |\langle X_i, R_i^{t-1} \rangle| \\ \Omega = \Omega \bigcup \lambda^t \\ \text{Phit}_i = \text{Phit}_i \bigcup X_{i,\lambda^t} \end{cases} \tag{7.11}$$

（2）采用最小二乘法分别计算每个数据块对应的多径系数：

$$\beta_i = [(X_{i,\lambda^t})^{\mathrm{H}} X_{i,\lambda^t}]^{-1} X_{i,\lambda^t} y_i, \quad i \in (1, 2, \cdots, N) \tag{7.12}$$

保存各数据块的多径系数 $\hat{h}_i = \hat{h}_i \bigcup \beta_i, i \in (1, 2, \cdots, N)$，并求残差：

$$R_i^t = y_i - \text{Phit}_i * \hat{h} \tag{7.13}$$

（3）收敛判断：如果残差小于指定设定的残差门限 thres 或迭代次数大于设定次数则停止迭代；否则继续迭代，即 $t = t + 1$。

输出：各个通道的重构多径系数 $\hat{h}_i, i \in (1, 2, \cdots, N)$ 和稀疏位置集 Ω。

从上述迭代步骤中可以看出，联合稀疏恢复水声信道估计方法在利用每个数据块信道稀疏性的基础上，在同步匹配追踪算法迭代中对数据块间多径位置相同稀疏部分进行叠加 [式（7.11）]，以找到多径的稀疏位置，进一步提高信道多径重建概率，从而有效解决传统 OMP 算法需要较长训练序列造成的问题。特别地，当 $N=1$ 时，上述 JNSOMP 算法退化成经典的 OMP 算法。

7.1.5　信道估计算法性能评估

在可获取准确信道特性的情况下，信道估计算法的性能可用信道估计的 MSE 表示，定义信道估计的 MSE 为

$$\text{MSE} = E[\| h - \hat{h} \|_2^2] \tag{7.14}$$

式中，h 为准确信道；$\hat{h}$ 为信道估计算法获得的信道估计结果。

考虑到实际水声通信应用中无法准确获取海上实际信道特性，并用于信道估计算法的性能评估，本章在海试实验部分采用基于信道估计的时反接收机所获得的通信性能评价信道估计的性能[10]。接收机的流程框图如图 7.1 所示，首先进行多通道信道估计，利用信道估计结果多通道时反处理后叠加并级联一个单通道判决反馈均衡器抑制残余多径。因此，可通过该接收机获取的通信性能进行信道估计算法评估。

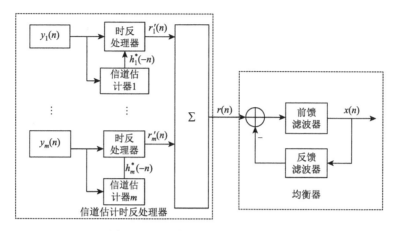

图 7.1　基于信道估计的时反接收机

7.2　仿真实验

为了验证本章提出的一种联合数据块同步正交匹配追踪算法，进行单输入多输出（simple input multiple output，SIMO）水声通信仿真。采用 BELLHOP 水声信道模型仿真长时延信道，仿真信道模型中：声速恒定为 1500m/s；海底反射系数为 1，海面反射系数为–1；仿真水域深度为 200m，发射节点和接收节点的水平距离为 210m；发射器离水面 100m，接收器分别位于水深 60m 和 120m 处。仿真中水声传播路径的本征声线如图 7.2（a）所示，两个不同接收深度信道的多径最长时延分别为 124.55ms 和 120.81ms，具有较为典型的长时延特性。

系统采用 QPSK 调制，符号速率为 4000symbol/s，叠加高斯白噪声作为背景噪声。记发射节点到 60m 处接收节点的信道为通道 1，发射节点到 120m 处接收节点的信道为通道 2。

图 7.2（b）和（c）分别为通道 1 信道冲激响应和通道 2 信道冲激响应。本章比较了 LS 信道估计算法、传统的 OMP 算法与本章联合稀疏估计算法的性能。联合数据块同步正交匹配追踪算法中，数据块个数分别取连续 2 个数据块（对应估计算法记为 J2SOMP）和连续 4 个数据块（对应估计算法记为 J4SOMP），数据块长度为 250ms。在仿真中信噪比设置为 SNR = 10dB。OMP 算法、J2SOMP 算法和 J4SOMP 算法多径个数设置为 3，信道估计器长度为 160ms，训练序列长度为 20～120ms。

图 7.3 为通道 1 与通道 2 训练序列长度与估计误差曲线。从图 7.3 中可以看出，LS 算法的估计性能最差，因为 LS 算法属于非稀疏信道估计算法，在非零抽头处含有大量的估计噪声，故其估计误差最大。比较本章算法与 OMP 算法，由于训练序列长度短（如训练序列长度小于 80ms），OMP 算法匹配相关效果差，影

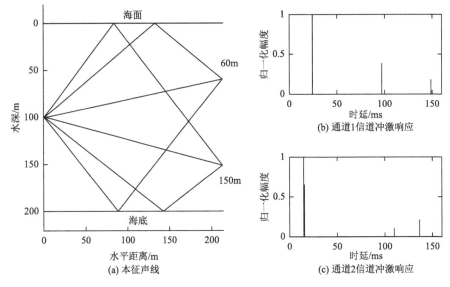

图 7.2　仿真信道本征声线和信道冲激响应

响寻找弱多径稀疏位置，引起错误估计，如通道 1 的第三个弱多径，通道 2 的第
二个弱多径，而本章算法（J2SOMP 和 J4SOMP）利用了数据块之间信道稀疏位
置的相关性，在稀疏位置相同处进行增强，更有利于寻找弱多径的稀疏位置，从
而正确重构信道信息。

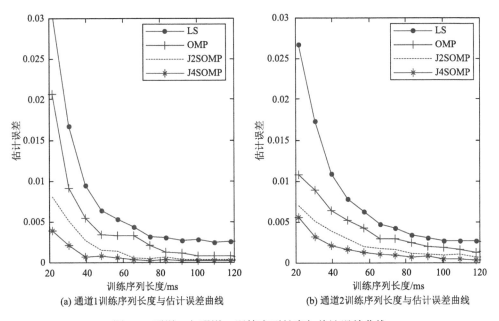

图 7.3　通道 1 与通道 2 训练序列长度与估计误差曲线

从图7.3中还可看出,随着训练序列长度变短,LS算法及OMP算法性能急剧下降,采用联合稀疏估计的本章算法下降趋势则被抑制;同时,比较J2SOMP和J4SOMP信道估计算法可发现,两种信道下J4SOMP的信道估计性能优于J2SOMP,这是因为仿真信道为时不变信道,数据块间稀疏相关特性明显,4个数据块在稀疏位置增强的程度大于2个数据块在稀疏位置增强的程度,此时联合稀疏重构获得的性能增益随着数据块的增多而增加。

7.3 海 试 实 验

7.3.1 实验设置

海试实验在厦门某海域进行,实验水域为近似圆形的半封闭水域,水域边界为防波堤,存在边界反射,平均水深10m。发射源位于水下2m,由4个接收换能器组成的垂直接收阵列分别位于水下2~8m深度,接收换能器间的垂直间隔为2m,发射点和接收点的水平距离为1000m,如图7.4(a)所示。从海面到海底,发射节点到接收阵列所在的信道分别记为通道1、通道2、通道3和通道4。图7.4(b)为实验海域的声速梯度图。

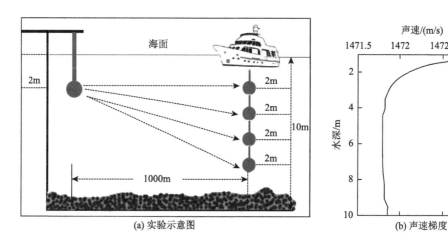

(a) 实验示意图   (b) 声速梯度

图7.4　实验示意图和声速梯度

海试实验SIMO系统采用QPSK调制,载波中心频率为16000Hz,带宽为13000~18000Hz,传输符号率为4000symbol/s,信号采样率为96ks/s。实验中分别采用J2SOMP、J4SOMP、OMP和LS信道估计算法估计信道特性。设置信道估计器长度为50ms,训练序列长度分别设置为10~70ms,数据块长度为375ms,

一个完整信号帧包括 20 个数据块。J2SOMP、J4SOMP 和 OMP 信道估计算法中，多径个数设定为 15。

　　基于信道估计的时反接收机参数设置为：时反处理器阶数 400；判决反馈均衡器前馈滤波器阶数 32，反馈滤波器阶数 16，RLS 算法遗忘因子 0.998；训练序列长度为 500 个符号。不同的信道估计算法采用完全相同的时反接收机参数以便于进行信道估计性能评估。

　　海试实验中 4 个通道接收信号的平均信噪比约为 16dB。

7.3.2　海试实验结果与分析

　　图 7.5 为通道 1 在原始信噪比和训练序列长度为 25ms 情况下，不同信道估计算法得到的信道估计结果。从图 7.5 中可以看出海试信道最大多径时延扩展约为 35ms，多径结构中存在水域边界反射造成的多径，具有较为典型的长时延多径特性。从图 7.5 中还可以看出，LS 算法由于是非稀疏信道估计算法，其在非零抽头处还有大量的估计噪声，将这些估计噪声带入 SIMO 系统会影响通信系统的性能。

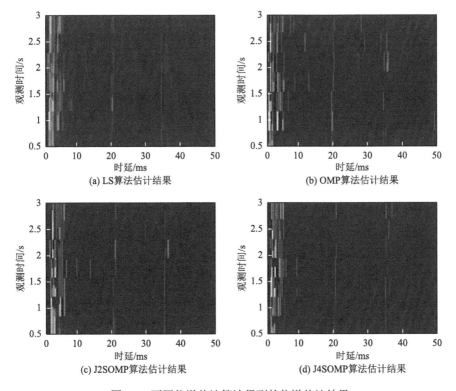

图 7.5　不同信道估计算法得到的信道估计结果

　　从图 7.5 中可以看出，利用了稀疏特性的三种信道估计结果估计噪声明显优于 LS 算法。但是，图 7.5（b）对第三径的检测性能明显差于图 7.5（d），原因是训练序列较短（25ms），OMP 算法的接收信号与训练信号相关效果差，造成错误检测弱多径的稀疏位置。而本章联合数据块稀疏恢复信道估计算法可有效利用数据块间的相关性，在相同的训练序列长度下，弱多径的稀疏位置处的检测性能得到加强，提高了弱多径的重构概率。

　　为了进一步评估信道算法性能，采用 7.1.5 节所述基于信道估计的 SIMO 时反接收机所获得的通信性能作为评价信道估计性能的指标。图 7.6 给出了不同信道估计算法对应的时反接收机的误码率/训练序列长度曲线图。从图 7.6 中可以看出，4 种信道估计算法中，随着训练序列长度的变长（15～70ms），通信机获得的误码率下降，因为随着训练序列长度的变长，接收信号与训练信号的相关性变好，可以更精确地估计信道特性，提高 SIMO 时反接收机的性能。比较 LS 算法、OMP 算法和本章算法（J2SOMP 和 J4SOMP）所获得的误码率，LS 算法获得的误码率最高，OMP 算法次之，本章算法获得的误码率最低，与上述分析一致。

　　图 7.6 比较了 J2SOMP 信道估计算法和 J4SOMP 信道估计算法获得的误码率，在 15～70ms 训练序列长度的范围内，J2SOMP 信道估计算法获得的误码率始终比 J4SOMP 信道估计算法获得的误码率低，与 7.2 节仿真结果并不一致。原因在于，仿真实验采用的是时不变信道，数据块间信道稀疏相关特性随着数据块的增多而线性提高；而实际海试信道具有时变特性，此时采用过多的数据块进行联合估计将导致信道相关性下降，如 J4SOMP 算法采用 4 个连续数据块进行联合估计，

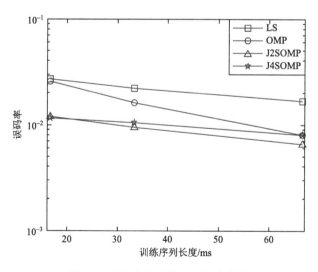

图 7.6　误码率与训练序列长度曲线

在 4 个数据块持续时间内（1.5s）信道的时变导致稀疏相关性下降，联合稀疏恢复获取的性能增益随之明显下降；而采用 2 个数据块的 J2SOMP 算法由于只利用两个相邻数据块的相关特性，稀疏相关性受信道时变的影响不大，因此在训练序列较长时其估计性能优于 J4SOMP 算法。结果表明，数据块间联合稀疏恢复估计可改善估计性能，但联合估计获取的性能增益与采用的数据块数量并不成正比，时变信道条件下采用过多的数据块反而造成信道联合稀疏性的下降。

图 7.7 为采用 50ms 训练序列时不同信道估计算法对应的时反接收机输出的星座图。从图 7.7 中可以看出，LS 信道估计算法所获得的星座图区分度最差，OMP 算法获得的星座图次之，而本章算法（J2SOMP 和 J4SOMP）所获得的星座图区分度最好，实验结果与信道估计结果一致，表明了本章算法在长时延信道可以更好地恢复估计弱多径，提高通信系统的通信性能。

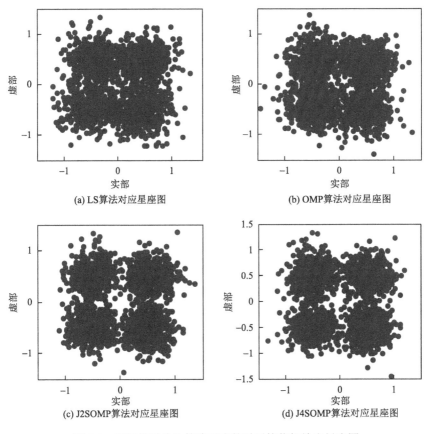

(a) LS算法对应星座图　　　　(b) OMP算法对应星座图

(c) J2SOMP算法对应星座图　　　(d) J4SOMP算法对应星座图

图 7.7　不同信道估计算法对应的时反接收机输出星座图

7.4 小   结

考虑到长时延扩展水声信道对信道估计造成的困难，本章利用数据块间信道多径存在的稀疏相关性，在分布式压缩感知的框架下将多径长时延信道估计问题转换为联合稀疏恢复问题，并采用一种联合数据块同步正交匹配追踪算法进行联合稀疏恢复估计，从而可在采用较短训练序列的条件下提高信道估计精度。仿真实验和海试实验证明了本章所提算法的有效性。

参 考 文 献

[1] Kaddouri S，Beaujean P P J，Bouvet P J，et al. Least square and trended doppler estimation in fading channel for high-frequency underwater acoustic communications[J]. IEEE Journal of Oceanic Engineering，2014，39（1）：179-188.

[2] Yang Z，Zheng Y R. Robust adaptive channel estimation in MIMO underwater acoustic communications[C]. OCEANS 2014-TAIPEI，Taibei，2014：1-6.

[3] 伍飞云，周跃海，童峰. 引入梯度导引似 p 范数约束的稀疏信道估计算法[J]. 通信学报，2014，35（7）：172-177.

[4] Zhou Y，Tong F，Zeng K，et al. Selective time reversal receiver for shallow water acoustic MIMO communications[C]. OCEANS 2014-TAIPEI，Taibei，2014：1-6.

[5] Rafati A，Lou H，Xiao C. Soft-decision feedback turbo equalization for LDPC-coded MIMO underwater acoustic communications[J].IEEE Journal of Oceanic Engineering，2014，39（1）：90-99.

[6] Rouseff D，Badiey M，Song A. Effect of reflected and refracted signals on coherent underwater acoustic communication：Results from the Kauai experiment（KauaiEx2003）[J]. Journal of the Acoustical Society of America，2009，126（5）：2359-2366.

[7] 张歆，张小蓟. 水声多径信道中的标识延迟空时扩展发射分集[J].电子与信息学报，2009，31（8）：2024-2027.

[8] Qu F，Nie X，Xu W. A Two-stage approach for the estimation of doubly spread acoustic channels[J]. IEEE Journal of Oceanic Engineering，2015，40（1）：131-143.

[9] Byun S H，Seong W，Kim S M. Sparse underwater acoustic channel parameter estimation using a wideband receiver array[J]. IEEE Journal of Oceanic Engineering，2013，38（4）：718-729.

[10] Song A，Abdi A，Badiey M，et al. Experimental demonstration of underwater acoustic communication by vector sensors[J]. IEEE Journal of Oceanic Engineering，2011，36（3）：454-461.

[11] Baron D，Duarte M F，Wakin M B，et al. Distributed compressive sensing[C]. IEEE International Conference on Acoustics Speech & Signal Processing，Taibei，2009.

[12] 胡海峰，杨震. 无线传感器网络中基于空间相关性的分布式压缩感知[J]. 南京邮电大学学报（自然科学版），2009，29，（6）：12-16.

[13] Corroy S，Mathar R. Distributed compressed sensing for the MIMO MAC with correlated sources[C]. 2012 IEEE International Conference on Communications，Ottawa，2012：2516-2520.

[14] Kaddouri S，Beaujean P P J，Bouvet P J，et al. Least square and trended Doppler estimation in fading channel for high-frequency underwater acoustic communications[J]. IEEE Journal of Oceanic Engineering，2014，39（1）：179-188.

第8章　SIMO 水声信道的稀疏恢复估计

水声通信广泛用于水下信息传递、水下目标探测、水下资源勘探、水下作业等海洋开发领域并日益引起相关海洋技术研究机构的关注[1]。由于水声信道具有严重的时间、频率双重扩展，对高性能水声通信造成极大困难[2, 3]。通过信道估计获取水声信道特性可以采用时反或判决反馈均衡等形式对水声信道进行空间、多径聚焦处理，提高通信接收机的检测信噪比。

SIMO 水声通信可利用接收端的垂直或水平接收阵列进行空间分集接收，从而改善通信性能，因而得到了广泛的研究和应用[4-6]。近年快速发展的压缩感知（CS）理论可将 SIMO 水声信道估计转换为稀疏重建问题[7]，对 SIMO 水声信道进行 CS 信道估计可有效利用水声信道多径稀疏特性提高信道估计性能，从而实现空间分集处理。

Song[5]采用压缩感知 OMP 算法获取水声 SIMO 信道特性后，通过多通道时反处理有效提高通信性能；Song 等[3]利用 MP 算法进行稀疏信道重建，并利用估计出的信道特性作时反后提高了通信系统的性能，并比较了 LS 信道估计算法和 OMP 信道估计算法获取信道特性用于时反处理的通信性能，表明了 OMP 信道估计算法在水声信道估计中的优势；Zhang 等[4]把接收到的信号按一定的长度分成若干块，利用 MP 算法和 RLS 算法进行信道估计，把输出的信噪比作为量化结果，实验结果表明用 MP 算法估计出的信道具有较好的稳健性。

上述 SIMO 信道估计工作均基于相位相干调制水声通信体制，因此接收信号具有较高的接收信噪比（通常＞10dB）。对工作于较低信噪比的直接序列扩频 SIMO 系统[3]，传统信道估计算法如 LS[8]、MMSE[9]和 OMP[10]等的性能将急剧下降。

考虑到 SIMO 通信系统接收垂直阵的几何尺度远低于通信距离，SIMO 各接收信道的多径稀疏结构具有一定的相关性，这种多径稀疏结构的相关性在上述 CS 水声信道估计算法中未得到利用。针对多个信号稀疏性具有相关的现象，Baron 等提出了分布式压缩感知（DCS）理论[11]，利用多个信号的共同稀疏性进行联合重构从而提高稀疏重建性能。分布式压缩感知理论在无线电网络通信[10-15]中已得到研究应用。

本章针对 SIMO 水声信道的稀疏相关性，将分布式压缩感知应用于水声 SIMO 信道估计，利用 SIMO 信道间存在的稀疏相关性进行联合重构，从而改善低信噪比条件下的估计性能。射线模型信道仿真估计及 SIMO 直接序列扩频通信时反接收机的海试实验验证了本章算法在低信噪比条件下的优越性。

8.1　原　理　介　绍

8.1.1　SIMO 信道估计

对具有 1 个发射端和 N 个接收端的 SIMO 系统，假设发射信号为 $x(n)$，对第 j 个接收通道，经过 SIMO 水声信道 $h_j(n)$ 后，接收端得到接收信号 $y_j(n)$，其中 $j = 1, 2, \cdots, N$，则接收信号可表示为

$$y_j(n) = \sum_{i=0}^{L-1} x(i) h_j(n-i) + w_j(n) \tag{8.1}$$

式中，L 表示信道的长度；w_j 表示加性白噪声。假设在 k 时刻对信号进行采样，信道在 P 个采样时间内保持稳定，则式（8.1）可以写成

$$\boldsymbol{Y}_j = \boldsymbol{A} \boldsymbol{H}_j + \boldsymbol{W}_j \tag{8.2}$$

式中

$$\begin{cases}
\boldsymbol{Y}_j = [y_j(k+L), y_j(k+L-1), \cdots, y_j(k+L+P-1)]^{\mathrm{T}} \\
\boldsymbol{H}_j = [h_j(k+L), h_j(k+L-1), \cdots, h_j(k+1)]^{\mathrm{T}} \\
\boldsymbol{W}_j = [w_j(k+L), w_j(k+L-1), \cdots, w_j(k+1)]^{\mathrm{T}} \\
\boldsymbol{A} = \begin{bmatrix}
x(k+L) & x(k+L-1) & \cdots & x(k+1) \\
x(k+L+1) & x(k+L) & \cdots & x(k+2) \\
\vdots & \vdots & & \vdots \\
x(k+L+P-1) & x(k+L+P-2) & \cdots & x(k+P)
\end{bmatrix}
\end{cases} \tag{8.3}$$

将式（8.2）写成矩阵形式为

$$\begin{bmatrix}
x(k+L) & x(k+L-1) & \cdots & x(k+1) \\
x(k+L+1) & x(k+L) & \cdots & x(k+2) \\
\vdots & \vdots & & \vdots \\
x(k+L+P-1) & x(k+L+P-2) & \cdots & x(k+P)
\end{bmatrix} \times \begin{bmatrix}
H_1 \\
H_2 \\
\vdots \\
X_N
\end{bmatrix} + \begin{bmatrix}
W_1' \\
W_2' \\
\vdots \\
W_N'
\end{bmatrix} = \begin{bmatrix}
Y_1 \\
Y_2 \\
\vdots \\
Y_N
\end{bmatrix} \tag{8.4}$$

可采用 LS[3] 算法求解式（8.4），估计出信道特性。

8.1.2　SIMO 系统 DCS 信道估计

水声 SIMO 通信系统在可利用多通道形成空间分集的同时，由于通常满足信道垂直相关半径大于接收阵元间距，SIMO 多通道间的多径结构具有较强的相关

性。具体表现为：所有信道或其中某些信道中多径位置相同，即具有相同的稀疏支撑集而只是多径系数不同，符合经典 DCS 理论中第二联合稀疏模型（JSM2）。JSM2 模型下 SIMO 系统中第 i 个信道的冲激响应 $\boldsymbol{h}_i$ 可描述为

$$\boldsymbol{h}_i = \boldsymbol{\Psi}_i \boldsymbol{\Omega} + \boldsymbol{d}_i, \quad i \in (1, 2, \cdots, N) \tag{8.5}$$

SIMO 水声信道多径结构具有较强相关性，其响应由大量具有共同稀疏支撑集 $\boldsymbol{\Omega}$ 的多径成分和少量位置不同的差异成分 d_i 组成，其中各信道具有相同稀疏支撑集的多径成分只是稀疏支撑集系数 $\boldsymbol{\Psi}_i$ 不同。基于分布式压缩感知的思想可对 JSM2 模型下的 SIMO 水声信道进行联合稀疏恢复估计，建立如下优化问题：

$$\begin{cases} \hat{\boldsymbol{H}} = \arg\min \displaystyle\sum_{i=1}^{N} (\| \boldsymbol{h}_i \|_1) \\ \text{s.t.} \| \boldsymbol{Y} - \boldsymbol{A}\boldsymbol{H} \|_2^2 \leqslant \varepsilon \end{cases} \tag{8.6}$$

式中，$\boldsymbol{H} = [\boldsymbol{h}_1, \boldsymbol{h}_2, \cdots, \boldsymbol{h}_N], \boldsymbol{H} \in \mathbf{C}^{L \times N}$；$\boldsymbol{Y} = [\boldsymbol{y}_1, \boldsymbol{y}_2, \cdots, \boldsymbol{y}_N], \boldsymbol{Y} \in \mathbf{C}^{P \times N}$；$\boldsymbol{A} \in \mathbf{C}^{P \times L}$ 为观测矩阵；ε 为与噪声有关的一个参量。上述优化问题可用 SOMP 算法进行求解。

与 OMP 算法相比，SOMP 算法可利用不同通道间多径结构的相关性进行联合稀疏重构，因此可有效提高稀疏恢复性能。其与 OMP 算法的最大区别是：是否利用不同通道间多径结构的相关性进行联合稀疏重构。特别地，当 $N = 1$ 时，SOMP 信道估计算法退化成经典的 OMP 信道估计算法。

8.1.3　联合稀疏恢复 SIMO 信道估计算法

输入：SIMO 系统每个通道接收到的数据 $\boldsymbol{y}_i^{P \times 1}, i \in (1, 2, \cdots, N)$；观测矩阵 $\boldsymbol{A}^{P \times L}$；最大迭代次数 K；残差误差门限 thres。

初始化：初始化残差 $\boldsymbol{R}_0 = \boldsymbol{Y}^{P \times N} = [\boldsymbol{y}_1, \boldsymbol{y}_2, \cdots, \boldsymbol{y}_N]$，初始化原子索引集 $\boldsymbol{\Omega} = \varnothing$，初始化原子集 Phit $= \varnothing$，第 i 个通道多径系数 $\hat{\boldsymbol{h}}_i = \varnothing, i \in (1, 2, \cdots, N)$ 初始化迭代次数 $t = 1$。

（1）分别选取观测矩阵 $\boldsymbol{A}$ 的第 1 列 $\boldsymbol{a}_1$ 到第 L 列 $\boldsymbol{a}_L$ 与残差 $\boldsymbol{R}_{t-1}$ 作内积并求和，计算内积和的最大值位置 λ_t，保存 λ_t 和最大位置所对应的原子[13, 14]。

$$\lambda_t = \arg\max \sum_{i=1}^{L} |\langle \boldsymbol{a}_i, \boldsymbol{R}_{t-1} \rangle| \tag{8.7}$$

$$\begin{cases} \boldsymbol{\Omega} = \boldsymbol{\Omega} \bigcup \lambda_t \\ \text{Phit} = \text{Phit} \bigcup \boldsymbol{a}_{\lambda_t} \end{cases} \tag{8.8}$$

（2）采用最小二乘法分别计算每个通道的多径系数：

$$\beta_i = (a_{\lambda_i}^{\mathrm{H}} a_{\lambda_i})^{-1} a_{\lambda_i} y_i, \quad i \in (1, 2, \cdots, N) \tag{8.9}$$

保存各通道的多径系数 $\hat{h}_i = \hat{h}_i \cup \beta_i, i \in (1, 2, \cdots, N)$。构建投影矩阵 $l = [\beta_1, \beta_2, \cdots,$ $\beta_N]$，并求残差：

$$R_t = Y - \mathrm{Phit} \times l \tag{8.10}$$

（3）收敛判断：如果残差小于设定残差门限 thres 或迭代次数大于设定次数则停止迭代；否则继续迭代 $t = t + 1$。

输出：各个通道的重构多径系数 $\hat{h}_i, i \in (1, 2, \cdots, N)$ 和稀疏位置集 $\boldsymbol{\Omega}$。

从上述迭代步骤可以看出，多通道联合稀疏恢复水声信道估计方法在利用每个信道稀疏性的基础上，在同步匹配追踪迭代中对多通道多径位置相同的稀疏部分进行叠加［式（8.8）］，以进一步提高多通道信道多径重建的概率，从而可有效改善较低信噪比条件下的信道估计性能。

8.1.4　信道估计算法性能评估

在可获取准确信道特性的情况下，信道估计算法的性能可用信道估计的 MSE 表示，定义信道估计的均方误差为

$$\mathrm{MSE} = E[\| \boldsymbol{h} - \hat{\boldsymbol{h}} \|_2^2] \tag{8.11}$$

式中，$\boldsymbol{h}$ 为准确信道；$\hat{\boldsymbol{h}}$ 为信道估计算法获得的信道估计结果。

考虑到实际水声通信应用中无法获取准确海试实际信道响应用于信道估计算法的性能评估，本小节采用基于信道估计的最小均方误差（MMSE）接收机获得的通信性能作为信道估计方法的性能评估[16]。基于信道估计的 MMSE 接收机结构流程如图 8.1 所示，将 SIMO 各通道接收到的信号与本地载波相乘，经过低通滤波器得到基带信号，采用 SOMP、OMP 和 LS 信道估计算法获取信道特性，经过 MMSE 接收机后累加判决得到原始比特数，通过星座图和接收机输出信噪比-误比特率来评估信道估计算法的性能。MMSE 接收机的数学表达式为[17]：

$$\hat{s} = (\boldsymbol{h}^{\mathrm{H}} \boldsymbol{h} + \sigma_w^2 \boldsymbol{I})^{-1} \boldsymbol{h}^{\mathrm{H}} \boldsymbol{x} \tag{8.12}$$

式中，$\boldsymbol{h}$ 为信道估计算法估计出的信道；σ_w 为噪声能量参数；$\boldsymbol{I}$ 表示单位矩阵；$\boldsymbol{x}$ 表示接收信号；上标 H 表示共轭转置。

本章仿真部分采用 MSE、MMSE 接收机的星座图和误比特率进行信道估计算法性能评估；海试实验中由于无法获得真实信道，采用基于信道估计 MMSE 接收机的星座图和输出信噪比-误码率进行信道估计算法性能评估。

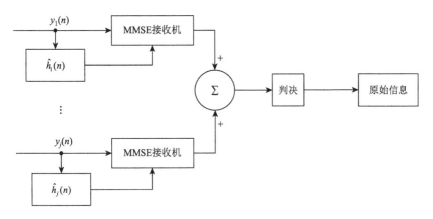

图 8.1　基于信道估计的 MMSE 接收机结构流程图

8.2　仿真实验

本章仿真实验采用 BELLHOP 模型仿真一个一发四收的 SIMO 通信系统。仿真中，假设海域是无边界海域，海底地形平坦，海面平静，海底和海面均属于硬边界，水域深度 20m，在水域各层声速分布均匀，为 1500m/s。如图 8.2 所示，发射节点 PS 位于水深 3m 处，垂直接收阵列分别位于水深 2m、4m、6m、8m 处，发射节点与接收阵列距离为 500m。图 8.2 模拟了在无边界海域的声场的分布。发射

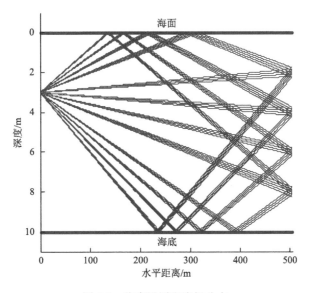

图 8.2　仿真设置和声场分布

节点到接收阵列的信道从海面到海底依次假设为通道 1、通道 2、通道 3 和通道 4。仿真中发射 BPSK 信号，噪声为高斯白噪声。

图 8.3 为仿真信道的冲激响应，图 8.3（a）～（d）分别对应通道 1、通道 2、通道 3 和通道 4。从图 8.3 中可以看出，四个通道都有明显多径。因此，如图 8.3 所示，仿真 SIMO 信道冲激响应存在位置相同的稀疏成分和特有稀疏部分，如时延在 0.75ms 处，通道 1 和通道 2 存在位置相同稀疏部分，时延在 2ms 处，通道 3 和通道 4 存在位置相同稀疏部分，时延在 1.25ms 处，通道 1 和通道 4 存在位置相同稀疏部分。这些多径存在位置相同稀疏部分，只是对应的幅度不同，这为在 JSM2 模型下利用联合稀疏恢复进行 SIMO 信道估计提供了可能。

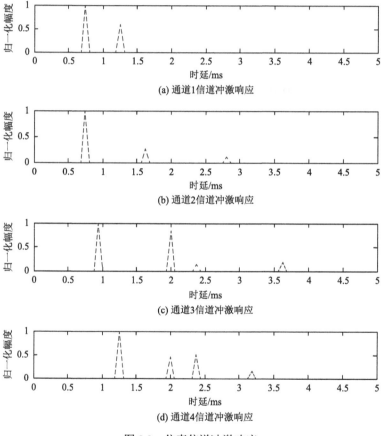

图 8.3　仿真信道冲激响应

对本章算法、OMP 算法及 LS 算法的估计性能进行比较。各算法估计器阶数 $L = 80$，训练序列长度 $P = 500$，OMP 算法和 SOMP 算法的迭代终止条件为小于指定的残差门限。

　　图 8.4 为不同算法在不同信噪比下估计的信道与原始信道的均方误差比较。从图中可以看出，随着信噪比的增加，三种信道估计算法的性能随之改善；由于 LS 信道估计算法不是稀疏信道估计算法，在大量非零抽头处产生估计噪声，因此其 MSE 明显高于 SOMP 和 OMP 信道估计算法。

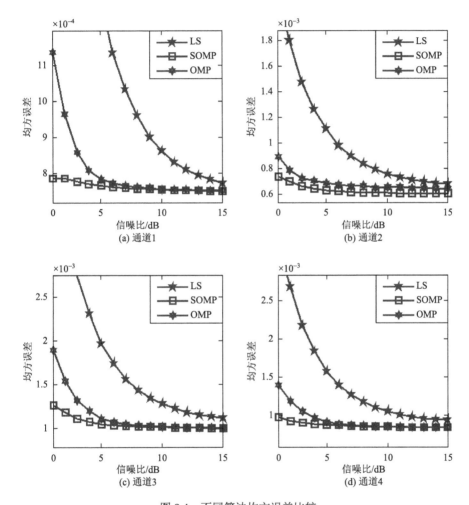

图 8.4　不同算法均方误差比较

　　比较 SOMP 和 OMP 算法，在信噪比低于 7dB 时 SOMP 估计算法的 MSE 明显优于 OMP 估计算法，这是因为 SOMP 算法利用了 SIMO 信道的多通道多径相关特性进行联合稀疏恢复，如式（8.6）所示在位置相同稀疏部分进行叠加，提高了 SIMO 信道的重建概率；随着信噪比的提高，在信噪比高于 10dB 后 OMP、SOMP 算法的信道估计性能区别不大。

图8.5为仿真实验中,信噪比6dB条件下三种不同信道估计算法对应的MMSE接收机输出星座图。比较图 8.5（a）、图 8.5（b）和图 8.5（c）,SOMP 和 OMP对应的星座图明显优于 LS 对应的星座图,这表明,采用稀疏信道估计算法可以利用信道稀疏特性提高信道估计性能。从图中还可以看出,与 OMP 算法相比,SOMP算法对应的星座图区分度最好,这表明,与传统利用单通道稀疏特性的压缩感知信道估计算法相比,利用多通道联合稀疏恢复的水声信道估计算法可充分利用信道间存在的稀疏相关特性进一步提高水声信道估计性能,改善通信系统性能。

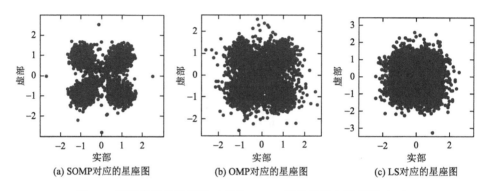

(a) SOMP对应的星座图   (b) OMP对应的星座图   (c) LS对应的星座图

图 8.5   不同信道估计算法对应的 MMSE 接收机输出星座图（一）

图 8.6 为仿真实验的信噪比-误码率曲线。从图中可以看出,在 6～12dB 信噪比范围内,SOMP 对应的误码率始终是最低的,这也表明利用多通道联合稀疏恢复进行 SIMO 水声信道估计可以提高水声信道估计性能;随着信噪比的增加,利用联合稀疏恢复估计算法的优势越来越不明显,其性能接近 OMP 算法,如信噪

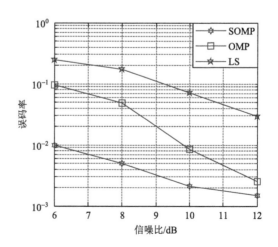

图 8.6   信噪比-误码率曲线

比在 12dB 时，SOMP 对应的误码率与 OMP 对应的误码率接近，同时也与图 8.4
所得的结果一致，同样表明，本章算法联合稀疏恢复获得的信道估计性能改善在
信噪比较低条件下更为明显。

8.3　海 试 实 验

8.3.1　实验设置

为了充分验证本章多通道联合稀疏恢复信道估计算法，本书进行了海试实验。
实验在厦门某海域进行，实验水域平均水深 10m。发射换能器位于水下 2m，由两
个接收换能器组成的垂直接收阵列分别位于水下 2m 和 4m 处，发射节点和接收节
点的水平距离为 1km，如图 8.7（a）所示。发射节点到接收阵列的信道从海面到
海底依次记为通道 1 和通道 2。

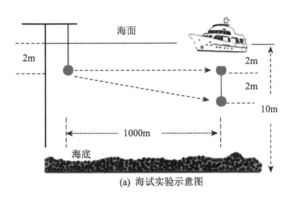

(a) 海试实验示意图

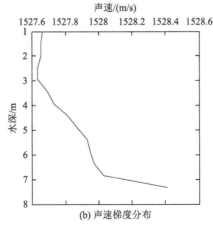

(b) 声速梯度分布

图 8.7　海试实验示意图和声速梯度分布

图 8.7（b）为实验海域的声速梯度分布。从图中可以看出，从海面到水深 3m 处声速基本保持一致，从水深 3m 处到海底存在声速呈微弱正梯度变化。

海试实验中，通道 1 信号的原始信噪比为 20dB，通道 2 信号的原始信噪比为 13.6dB。为进行性能对比，不同信噪比信号通过原始信噪比信号与实录海洋背景噪声叠加而成。

海试实验中，SIMO 系统的采样率为 96ks/s，采用 QPSK 调制，载波中心频率为 16000Hz，带宽为 13000～18000Hz，通信速率为 6400bit/s。分别采用 SOMP、OMP 和 LS 信道估计算法估计信道特性。设置信道估计器阶数为 120，训练序列长度为 500。OMP 算法和 SOMP 算法的迭代终止条件为小于指定的残差门限。

8.3.2　实验结果分析与讨论

图 8.8 为原始信噪比下海试信道的信道冲激响应。从图中可以看出，通道 1 存在明显的两个多径，多径的主要能量集中在第一个径上；通道 2 存在较为明显的 4 个多径，时延扩展达到将近 4ms。从图中还可以看出两个通道存在多径位置相同稀疏部分，采用多通道联合稀疏恢复的水声信道估计算法可以提高信道估计性能。

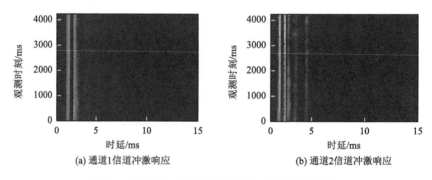

(a) 通道1信道冲激响应　　　　　　　　(b) 通道2信道冲激响应

图 8.8　海试实验中通道 1 和通道 2 的信道冲激响应

图 8.9 为信噪比 10dB 时 SOMP、OMP 和 LS 算法获取的信道特性。从图 8.9（a）可以看出，由于 LS 算法是非稀疏算法，在非零抽头处含有大量的估计噪声，将会影响 MMSE 接收机的性能；比较图 8.9（b）和图 8.9（c），SOMP 算法利用了两个通道多径结构的相关性，对位置相同稀疏部分进行联合稀疏恢复可提升信道估计性能。

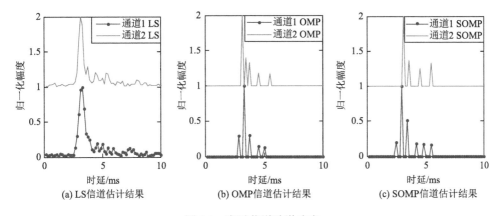

图 8.9 海试信道冲激响应

为了比较 SOMP、OMP 和 LS 的信道估计性能，采用 8.1.4 节所述的基于信道估计的 MMSE 接收机获取的通信性能作为评估信道估计算法的性能参考。图 8.10 为信噪比 12dB 下不同信道估计算法对应的星座图。从图中可以看出，信噪比在 12dB 下 SOMP 算法对应的星座图分离明显，OMP 算法对应的星座图次之，LS 算法对应的星座图最差。这表明，SOMP 算法利用多通道信道间的稀疏相关特性进行联合稀疏恢复可提高信道估计性能，从而提高通信系统的性能。

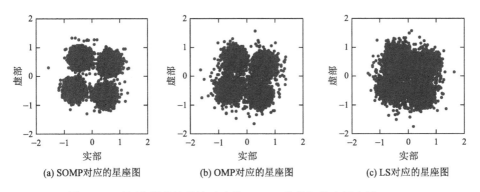

图 8.10 不同信道估计算法对应的 MMSE 接收机输出星座图（二）

图 8.11 给出了不同信道估计算法对应的信噪比-误码率曲线图。从图中可看出，信噪比在 8～12dB 下 SOMP 所获得的误码率始终是最低的；图中还可以看出，在 8dB 信噪比条件下 SOMP 算法所获得的误码率比 OMP 和 LS 所获得的误码率低了一个数量级，体现出明显的性能改善；随着信噪比的增加，SOMP 算法相对于 OMP 算法的性能改善变小。因此，从海试实验结果可获得与仿真实验一

致的结论：在较低信噪比条件下 SOMP 算法利用联合稀疏恢复获取的 SIMO 信道估计性能更优。

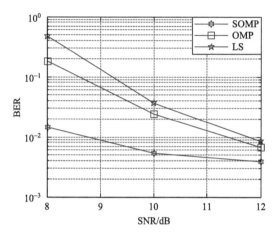

图 8.11　不同信道估计算法对应的信噪比-误码率曲线

8.4　小　　结

考虑到水声信道的空间相关性，本章将分布式压缩感知应用于 SIMO 水声通信领域，利用多个稀疏信道的空间相关性进行联合估计，提高了低信噪比条件下水声信道稀疏相关多径的检测性能，同时在低信噪比条件下差异稀疏部分造成的联合估计误差被有效抵消。信道仿真实验表明，在低信噪比下分布式压缩感知与传统的压缩感知相比可以获得更低的均方误差；海试实验表明，在低信噪比下分布式压缩感知时反直扩系统可以获得更低的误码率。本章实验验证了低信噪比条件下，SIMO 水声信道分布式压缩感知估计算法相对传统 CS 估计算法的性能改善。

参 考 文 献

[1]　张兰，许肖梅，冯伟，等. 浅海水声信道中重复累积性能研究[J]. 兵工学报，2012，33（2）：179-185.

[2]　Song A，Abdi A，Badiey M，et al. Experimental demonstration of underwater acoustic communication by vector sensors[J]. IEEE Journal of Oceanic Engineering，2011，36（3）：454-461.

[3]　Song A，Badiey M，Newhall A E，et al. Passive time reversal acoustic communications through shallow-water internal waves[J]. IEEE Journal of Oceanic Engineering，2010，35（4）：756-765.

[4]　Zhang G，Hovem J M，Dong H，et al. Coherent underwater communication using passive time reversal over multipath channels[J]. Applied Acoustics，2011，72（7）：412-419.

[5]　Song H C. Time reversal communication in a time-varying sparse channel[J]. The Journal of the Acoustical Society of America，2011，130（4）：161-166.

[6]　Yang T C. Relating the performance of time-reversal-based underwater acoustic communications in different shallow water environments[J]. The Journal of the Acoustical Society of America，2011，130（4）：1995-2002.

[7]　周跃海，李芳兰，陈楷，等. 低信噪比条件下时间反转扩频水声通信研究[J]. 电子与信息学报，2012，34（7）：1685-1689.

[8]　白晓慧，孙超，易锋，等. 低信噪比下的浅海水声稀疏信道估计[J]. 西北工业大学学报，2013，31（1）：115-121.

[9]　苏晓星，李风华，简水生. 浅海低频声场的水平纵向相关性[J]. 声学技术，2007，26（4）：579-583.

[10]　王鲁军，彭朝晖，李整林. 斜坡海底条件下声场垂直相关特性研究[J]. 声学学报，2011，36（6）：596-604.

[11]　Baron D，Wakin M B，Duarte M F，et al. Distributed compressed sensing[D]. Houston：Rice University，2006.

[12]　胡海峰，杨震. 无线传感器网络中基于空间相关性的分布式压缩感知[J]. 南京邮电大学学报（自然科学版），2009，29（6）：12-16.

[13]　Corroy S，Mathar R. Distributed compressed sensing for the MIMO MAC with correlated sources[C]. 2012 IEEE International Conference on Communications，Ottawa，2012：2516-2520.

[14]　Tropp J A，Gilbert A C，Strauss M J. Simultaneous sparse approximation via greedy pursuit[C]. Proceedings of the IEEE International Conference on Acoustics，Speech，and Signal，Processing，Philadelphia，2005：721-724.

[15]　郭文彬，李春波，雷迪，等. 基于联合稀疏模型的 OFDM 压缩感知信道估计[J]. 北京邮电大学学报，2014，37（3）：1-6.

[16]　伍飞云，周跃海，童峰. 可适应稀疏度变化的非均匀范数约束水声信道估计算法[J]. 兵工学报，2014，35（9）：1503-1509.

[17]　Zeng W J，Xu W. Fast estimation of sparse doubly spread acoustic channels [J]. Journal of the Acoustical Society of America，2012，131（1）：303-317.

第9章 MIMO 水声信道稀疏估计

当前海洋环境监测、海洋资源勘探、海洋立体信息网络等领域对高速水声通信需求日益强烈，MIMO 技术可通过信道空间复用获得极高的频谱效率，是在带宽极其有限条件下显著提高通信速率、实现高速水下通信的一种极具应用前景的技术手段[1-10]，得到了国内外相关研究机构的广泛重视。

Ling 等[5]、Flynn 等[6]采用内嵌锁相环的多通道空时判决反馈接收机 MIMO 水声通信接收机结构，由于需要多个内嵌锁相环的判决反馈均衡器，在通道数较多、信道多径扩展延迟较强烈时，运算复杂度和算法参数优化调整的难度急剧增加。

针对水声信道中时变、多径效应的影响，水声 MIMO 通信可通过获取精确的 MIMO 信道信息以进行信道均衡和匹配接收来提高通信性能，因此，水声 MIMO 信道估计也成为一个重要的研究方向。Song 等[1]提出一种低复杂度的时反 MIMO 接收机，分别采用 OMP 算法以及 LS 算法获取 MIMO 信道响应并进行周期性更新，然后通过多通道时反合并后结合单通道判决反馈均衡器实现信号解调；Tao 等[11]采用 MMSE 准则进行 MIMO 信道估计并用于设计 Turbo 判决反馈均衡器以及分层结构的线性均衡器改善通信性能。

通过建立 MIMO 时域信道估计模型对 MIMO 信道进行联合估计[1, 11, 12]，为了确保模型方程不处于欠定状态，理想条件下训练序列长度必须大于发射通道数加 1 与信道多径扩展的乘积[12]以获得较好的估计性能，在多径时延扩展剧烈、发射通道数较多的情况下，这意味着需要较长的训练序列，在时变信道下这将导致训练序列长度内信道保持稳定的前提难以满足。利用水声信道具有的稀疏特性，文献[1]采用 MP 算法、OMP 算法进行 MIMO 信道估计，可放松 MIMO 信道估计模型中非欠定方程求解对训练序列长度的要求，文献[1]中实验结果表明，利用稀疏特性可获得比传统 LS 算法更好的估计性能。

与单发射系统相比，同时存在多径干扰和通道间干扰不可避免地造成 MIMO 信道估计性能下降。串行、并行通道间干扰消除方法可从后置处理的角度抑制通道间干扰对通信性能的影响，文献[1]比较了串行、并行通道间干扰消除方法，并有效抑制了通道间干扰对 MIMO 通信性能的影响。但是，串行干扰消除方法需要有较高信噪比（对应较高质量解码性能）的发射通道，并行干扰消除方法会造成极高的运算复杂度，且作为后置处理方法，两者均无法改善信道估计阶段通道间干扰造成的性能下降。

　　针对多个信号稀疏分布具有相关性的现象,分布式压缩感知技术[13]在经典压缩感知理论的基础上可利用共同稀疏性提高稀疏恢复性能,其中,Baron 等提出的三种经典联合稀疏模型 JSM1、JSM2 和 JSM3 分别代表了具有共同和独立稀疏成分、具有共同稀疏支撑、具有非稀疏共同成分和稀疏独立成分三种典型的物理场景[13],已在多个领域稀疏恢复中得到广泛应用。基于无线传感器网络中簇头与各节点通道多径结构的相关性具有 JSM2 模型特点,利用傅里叶变换矩阵作为压缩感知测量矩阵,分布式压缩感知技术已被应用于无线传感器网络 OFDM 信道估计改善估计性能[14]。

　　MIMO 发射、接收垂直阵的孔径通常小于信道垂直相关半径,因此 MIMO 水声信道时域多径结构具有相关性,这种相关性已被用于研究声场干涉结构[15, 16],但尚未被应用于改善 MIMO 信道估计性能。考虑到 MIMO 信道的多径相关特点及通道间干扰,本章通过进行 MIMO 测量矩阵重组在 JSM1 及 JSM2 模型的基础上建立单载波 MIMO 水声通信的联合信道估计模型,并设计区分性正交匹配追踪(discriminative orthogonal matching pursuit,DOMP)算法对 MIMO 信道中位置相同部分及稀疏特有部分分别进行重构,从而提高 MIMO 信道联合估计性能。最后通过 MIMO 信道估计仿真和海试 MIMO 通信实验进行了本章算法的性能验证。

9.1　系　统　模　型

9.1.1　水声 MIMO 通信系统模型

　　具有 N 个发射阵元和 M 个接收阵元的水声 MIMO 通信的接收信号可写为[1, 12]

$$y_m(k) = \sum_{n=1}^{N} \sum_{l=0}^{L-1} s_n(k-l) h_{n,m}(k,l) + w_m(k) \tag{9.1}$$

式中,$y_m(k)$、$w_m(k)$ 分别为第 m 通道的接收信号和加性噪声;$s_n(k)$、$h_{n,m}(k,l)$ 分别为第 n 通道的发射信号、从 n 到 m 通道的信道响应;k 为观测时间坐标;l 为时延时间。假设在 P 个采样点内信道保持稳定,即 P 为信道估计训练序列的长度。则可将式(9.1)写为

$$\boldsymbol{y}_m = \sum_{n=1}^{N} \boldsymbol{A}_n \boldsymbol{h}_{n,m} + \boldsymbol{w}_m \tag{9.2}$$

式中,$P \times L$ 的特普利茨结构矩阵 $\boldsymbol{A}_n$ 为

$$A_n = \begin{bmatrix} s_n(k+L) & s_n(k+L-1) & \cdots & s_n(k+1) \\ s_n(k+L+1) & s_n(k+L) & \cdots & s_n(k+2) \\ \vdots & \vdots & & \vdots \\ s_n(k+L+P-1) & s_n(k+L+P-2) & \cdots & s_n(k+P) \end{bmatrix}$$ （9.3）

$$\begin{cases} \boldsymbol{y}_m = [y_m(k+L) \quad y_m(k+L+1) \quad \cdots \quad y_m(k+L+P-1)]^{\mathrm{T}} \\ \boldsymbol{h}_{n,m} = [h_{n,m}(k) \quad h_{n,m}(k+1) \quad \cdots \quad h_{n,m}(k+L-1)]^{\mathrm{T}} \\ \boldsymbol{w}_m = [w_m(k+L) \quad w_m(k+L+1) \quad \cdots \quad w_m(k+L+P-1)]^{\mathrm{T}} \end{cases}$$ （9.4）

则式（9.2）可进一步写成

$$\boldsymbol{y}_m = \boldsymbol{A}\boldsymbol{h}_m + \boldsymbol{w}_m$$ （9.5）

式中

$$\boldsymbol{A} = [A_1 \quad A_2 \quad \cdots \quad A_N], \quad \boldsymbol{h}_m = [h_{1,m} \quad h_{2,m} \quad \cdots \quad h_{N,m}]^{\mathrm{T}}$$

因此 MIMO 信道 $\boldsymbol{h}$ 的估计问题可采用 LS 算法[1]或 MMSE 算法[12]进行求解。为了保证方程解的精度，理想条件下要求训练序列长度 $P \geqslant (N+1)L-1$[12]，对于多径扩展较严重且发射通道数较多的场合，这意味着需要长度极大的训练序列且同时信道仍能够在此期间保持稳定，因此一方面加大了运算复杂度，另一方面，时变信道满足较长时间稳定的假设往往过于苛刻。

利用信道响应中存在的稀疏特性可在压缩感知框架内进行式（9.5）的求解从而可显著放松对 P 的长度要求。Bajwa 等[17]证明特普利茨结构矩阵满足约束等距特性（RIP），因此基于压缩感知的信道估计求解模型为

$$\begin{cases} \hat{\boldsymbol{h}} = \arg\min \|\boldsymbol{h}\|_1 \\ \text{s. t. } \boldsymbol{Y} = \boldsymbol{A}\boldsymbol{h} \end{cases}$$ （9.6）

求解式（9.6）称为压缩感知重构，OMP 算法是常用的一种重构算法。由于利用了信道响应的稀疏特性，文献[1]使用 MP 算法进行 MIMO 信道估计并表明能取得优于 LS 算法的估计性能。但是，MIMO 信道估计中由于接收信号 $\boldsymbol{y}_m$ 由多个发射源信号叠加形成，在 OMP 迭代时通道间干扰影响了测量矩阵中与各发射信号匹配程度评估，造成信道估计性能的下降。

9.1.2 水声 MIMO 信道的分布式压缩感知估计

1. 水声 MIMO 信道稀疏相关性

压缩感知信道估计利用了信道响应中存在的稀疏特性因而可有效提高估计

性能。针对多个信号稀疏性间具有的相关线性，分布式压缩感知理论可利用共同稀疏性进一步提高重构性能。Baron 等针对典型的分布式稀疏信号提出三种联合稀疏模型[13]，其中，JSM1 模型中每个信号由稀疏共同部分和特有部分组成；JSM2 模型中信号间具有相同的稀疏支撑集而只是非零系数不同，并可通过 SOMP 算法选择与信号群残差最为匹配的测量矩阵列进行联合重构[15]；JSM3 模型中信号由非稀疏共同部分和稀疏独立部分组成。上述三种模型代表了三种不同类型的物理场景，其中，JSM2 模型已应用于无线传感器网络簇头至各节点的信道估计[14]。

MIMO 水声通信中当发射阵孔径小于信道垂直相关半径时，各发射阵元至同一接收阵元间的多径传输结构存在一定的相关性，即 $\boldsymbol{h}_{1,m}, \boldsymbol{h}_{2,m}, \cdots, \boldsymbol{h}_{N,m}$ 信道响应中存在类似的多径位置，这为利用共同稀疏性提高联合重构性能提供了可能。

但水声信道多径传输受海面、海底影响的特点，除了多径位置相同的成分，不同发射阵元对应的 MIMO 信道还具有相当的特有多径成分，信道中的特有多径成分也是多通道接收获取空间分集增益的前提。在这种存在特有稀疏的情况下，采用要求具有相同支撑集的 JSM2 模型将由于忽略特有稀疏部分造成性能下降；JSM1 联合稀疏模型则要求各信道响应的稀疏共同部分具有相同的位置、幅度和相位，由于发射阵元的不同深度以及传输过程起伏等因素引入的相位偏移，MIMO 水声信道中多径到达时延相同的分量往往具有不同的相位，导致 JSM1 联合稀疏模型下 MIMO 信道的稀疏共同部分极少，无法充分利用 JSM1 模型联合估计获得性能增益。

另外，与经典 DCS 理论中的物理场景不同，在水声 MIMO 通信中每个接收阵元无法获得对应每个发射源的独立接收信号，接收到的是 N 个发射阵元发射信号在本接收阵元上的叠加，即 $y_m(k) = \sum_{n=1}^{N} y_{n,m}(k)$，相邻发射阵元信道叠加造成的通道间干扰也是导致 MIMO 信道估计性能下降的重要因素。

2. 水声 MIMO 信道联合稀疏模型

本章考虑水声 MIMO 信道的特点，通过进行 MIMO 测量矩阵重组建立单载波 MIMO 水声信道的联合稀疏模型（MIMO joint sparse model，MJSM）。该模型首先将各 MIMO 信道分别表示为具有相同支撑集（即具有相同多径时延位置）部分 $\boldsymbol{h}_{n,\mathrm{cm}}$ 和稀疏特有部分 $\boldsymbol{h}_{n,\mathrm{dm}}$ 之和，其中下标 cm、dm 分别表示具有相同位置的稀疏部分和各信道的特有稀疏部分，即

$$\boldsymbol{h}_{n,m} = \boldsymbol{h}_{n,\mathrm{cm}} + \boldsymbol{h}_{n,\mathrm{dm}}, \quad n = 1, 2, \cdots, N \tag{9.7}$$

则式（9.5）可写为

$$y_m = [\begin{matrix} A_1 & A_2 & \cdots & A_N \end{matrix}] \begin{bmatrix} h_{1,\mathrm{cm}} \\ h_{2,\mathrm{cm}} \\ \vdots \\ h_{N,\mathrm{cm}} \end{bmatrix} + [\begin{matrix} A_1 & A_2 & \cdots & A_N \end{matrix}] \begin{bmatrix} h_{1,\mathrm{dm}} \\ h_{2,\mathrm{dm}} \\ \vdots \\ h_{N,\mathrm{dm}} \end{bmatrix} + w_m \quad (9.8)$$

令 q 为 MIMO 信道中具有相同位置多径的个数，可把相同多径位置稀疏部分 $h_{n,\mathrm{cm}}$ 视为 q 个单径稀疏响应的叠加，每个单径稀疏响应只包含一个多径，则 $h_{n,\mathrm{cm}}$ 可表示为

$$h_{n,\mathrm{cm}} = |h_{n,\mathrm{cm},1}|\mathrm{e}^{\mathrm{j}\phi_{1,n}} + |h_{n,\mathrm{cm},2}|\mathrm{e}^{\mathrm{j}\phi_{2,n}} + \cdots + |h_{n,\mathrm{cm},q}|\mathrm{e}^{\mathrm{j}\phi_{q,n}} \quad (9.9)$$

式中，$|h_{n,\mathrm{cm},1}|, |h_{n,\mathrm{cm},2}|, \cdots, |h_{n,\mathrm{cm},q}|$ 分别为对应每个相同位置单径稀疏响应的模；$\mathrm{e}^{\mathrm{j}\phi_{1,n}}, \mathrm{e}^{\mathrm{j}\phi_{2,n}}, \cdots, \mathrm{e}^{\mathrm{j}\phi_{q,n}}$ 分别为每个相同位置单径稀疏响应的相位偏移。由于前述原因，不同发射阵元的相同位置单径响应往往具有不同的相位偏移，而传输距离基本相同，因此每一相同位置多径在传输过程中水声信道引入的幅度衰减基本一致，即对应不同发射阵元各单径稀疏响应的模基本相同：

$$|h_{1,\mathrm{cm},v}| \approx |h_{2,\mathrm{cm},v}| \approx \cdots \approx |h_{N,\mathrm{cm},v}|, \quad v = 1, 2, \cdots, q \quad (9.10)$$

因此，不同发射阵元产生的相同位置单径稀疏响应的模可用 $|h_{\mathrm{cm},v}|(v = 1, 2, \cdots, q)$ 近似表示，通过将式（9.9）单径稀疏响应中的相移项移至观测矩阵中并重新组合观测矩阵，可将接收信号表示为

$$y_m = [\begin{matrix} A_{c_1} & A_{c_2} & \cdots & A_{c_q} \end{matrix}] \begin{bmatrix} |h_{\mathrm{cm},1}| \\ |h_{\mathrm{cm},2}| \\ \vdots \\ |h_{\mathrm{cm},q}| \end{bmatrix} + [\begin{matrix} A_1 & A_2 & \cdots & A_N \end{matrix}] \begin{bmatrix} h_{1,\mathrm{dm}} \\ h_{2,\mathrm{dm}} \\ \vdots \\ h_{N,\mathrm{dm}} \end{bmatrix} + w_m$$

$$(9.11)$$

$$A_{c_v} = A_1 \mathrm{e}^{\mathrm{j}\phi_{v,1}} + A_2 \mathrm{e}^{\mathrm{j}\phi_{v,2}} + \cdots + A_N \mathrm{e}^{\mathrm{j}\phi_{v,N}}, \quad v = 1, 2, \cdots, q \quad (9.12)$$

式中，A_{c_v} 为重组后每个相同位置多径对应的联合观测矩阵；$\mathrm{e}^{\mathrm{j}\phi_{v,1}}, \mathrm{e}^{\mathrm{j}\phi_{v,2}}, \cdots, \mathrm{e}^{\mathrm{j}\phi_{v,N}}$ 分别为 N 个发射元经过第 v 个相同位置多径产生的相位偏移。在式（9.11）中，式（9.10）中假设对应不同发射阵元各单径稀疏响应的模一致所造成的误差等效为特有稀疏部分。式（9.11）可进一步整理并写为

$$
\boldsymbol{y}_m =\begin{bmatrix} \boldsymbol{A}_{c_1} & \boldsymbol{A}_{c_2} & \cdots & \boldsymbol{A}_{c_q} & \boldsymbol{A}_1 & \boldsymbol{A}_2 & \cdots & \boldsymbol{A}_N \end{bmatrix}\begin{bmatrix} |\boldsymbol{h}_{n,\mathrm{cm},1}| \\ |\boldsymbol{h}_{n,\mathrm{cm},2}| \\ \vdots \\ |\boldsymbol{h}_{n,\mathrm{cm},q}| \\ \boldsymbol{h}_{1,\mathrm{dm}} \\ \boldsymbol{h}_{2,\mathrm{dm}} \\ \vdots \\ \boldsymbol{h}_{N,\mathrm{dm}} \end{bmatrix}+\boldsymbol{w}_m \qquad (9.13)
$$

从式（9.13）可以看出，通过重组 MIMO 观测矩阵构造 $\boldsymbol{A}_{c_v}$ 时将相位偏移项移至 $\boldsymbol{A}_1,\boldsymbol{A}_2,\cdots,\boldsymbol{A}_N$ 中，模型中各通道位置相同稀疏部分的相位偏移被移去，因此可对式（9.13）中位置相同多径部分的幅度进行联合重构，此时对应的观测矩阵 $\boldsymbol{A}_{c_v}$ 由各发射阵元发射信号叠加组成，因此对位置相同多径进行联合重构时将不受通道间干扰的影响，从而可提高检测性能。同时，该模型既考虑了各 MIMO 信道中位置相同的稀疏部分，也考虑了各通道的稀疏特有部分，避免了直接忽略各通道稀疏特有部分造成的估计精度下降。

一般地，由于水声 MIMO 信道中各通道具有相同位置的较强多径数量较少以及兼顾算法复杂度，本章在后续分析中将上述模型简化为具有 1 个相同位置多径的情况，即 $q=1$。由于式（9.13）中重组后的 MIMO 观测矩阵同样是特普利茨类矩阵，根据式（9.13）可在分布式压缩感知框架下进行 MIMO 信道联合估计。

3. 区分性正交匹配追踪算法

针对 MJSM 模型下的 MIMO 信道估计，本章设计了 DOMP 算法对 MIMO 信道中位置相同稀疏部分和稀疏特有部分分别进行重构。该算法首先根据 MIMO 信道方程（9.5），采用 SOMP 算法[18]，通过联合重构估计 MIMO 信道稀疏共同部分 $\boldsymbol{h}_{c,m}$ 的相同多径位置和各通道相位偏移 $\mathrm{e}^{\mathrm{j}\phi_{n,1}},\mathrm{e}^{\mathrm{j}\phi_{n,2}},\cdots,\mathrm{e}^{\mathrm{j}\phi_{n,N}}$，然后进行 MIMO 观测矩阵重组构造 $\boldsymbol{A}_{c_1}$ 及 MJSM 模型下的估计方程（9.13），并采用 OMP 算法估计 $\boldsymbol{h}_{c,m}$ 的系数，最后对各信道稀疏特有部分 $\boldsymbol{h}_{n,\mathrm{dm}}$ 进行正交匹配追踪。

DOMP 算法的迭代过程如下。

初始化：初始迭代次数 ll 为 1，对应第 n 发射阵元-第 m 接收阵元的 MIMO 水声信道 $\boldsymbol{h}_{n,m}$ 索引为 $n\in\{1,2,\cdots,N\}$，初始化正交系数向量 $\beta_{n,j}=0,\beta_{n,j}\in\mathbf{R}^M$，并令向量选择索引集 $\hat{\varOmega}=\varnothing$，定义第 ll 次迭代后的残差为 $\boldsymbol{r}_{n,l}$，初始化残差为 $\hat{\boldsymbol{r}}_{n,0}=\boldsymbol{y}_m$。

迭代步骤如下。

（1）首先检测信道响应中的相同位置多径：对 N 个发射阵元到第 m 个接收阵元的 MIMO 信道，选择测量矩阵 A_n $(n=1,2,\cdots,N)$ 的某列向量 $a_{j,n}$，计算该列向量与第 n 个残差的内积并求和，搜索最大值 $R_{\max}$。

$$R_{\max} = \max_{j}\left(\sum_{n=1}^{N}\frac{|\langle r_{n,ll-1}, a_{j,n}\rangle|}{\|a_{j,n}\|_2}\right) \tag{9.14}$$

（2）若最大值 $R_{\max}$ 超过设定门限，则估计位置相同稀疏部分的位置（即多径时延），记录该稀疏部分的位置 p_c 并估计对应的相位；否则，表明不存在位置相同稀疏部分，转至第（5）步直接估计稀疏特有部分。

$$p_c = \arg\max \sum_{n=1}^{N}\frac{\langle r_{n,ll-1}, a_{p_c,n}\rangle}{\|a_{p_c,n}\|_2}, \quad \hat{\Omega}_n = [\hat{\Omega}_n, p_c] \tag{9.15}$$

$$\phi_n = \text{angle}\left(\frac{\langle r_{n,ll-1}, a_{p_c,n}\rangle}{\|a_{p_c,n}\|_2}\right), \quad n=1,2,\cdots,N \tag{9.16}$$

（3）根据估计出的各信道稀疏相同位置相位将相位偏移项 $e^{j\phi_1}, e^{j\phi_2}, \cdots, e^{j\phi_N}$ 移至观测矩阵进行重组，构造联合测量矩阵 A_{c_1}：

$$A_{c_1} = A_1 e^{j\phi_1} + A_2 e^{j\phi_2} + \cdots + A_N e^{j\phi_N} \tag{9.17}$$

（4）对相同位置稀疏部分的系数进行匹配追踪：选择 A_{c_1} 中对应相同多径位置的列向量 a_{p_c}，采用最小二乘法估计相同位置多径系数，并更新残差[19]：

$$\beta_c = [a_{p_c}^H a_{p_c}]^{-1} a_{p_c} r_{n,l} \tag{9.18}$$

$$r_{n,ll} = r_{n,ll-1} - \beta_c a_{p_c} \tag{9.19}$$

（5）对稀疏特有部分进行正交匹配追踪重构：对于每个 MIMO 信道，选择 N 维测量矩阵 $[A_1 \quad A_2 \quad \cdots \quad A_N]$ 的某列向量 $a_{j,n}$，搜索该列向量与残差的最大内积，记录该列向量的位置，采用最小二乘法估计其系数并更新残差[19]：

$$p_{n,ll} = \arg\max_{n=0,1,\cdots,N}\frac{\langle r_{n,ll-1}, a_{j,n}\rangle}{\|a_{j,n}\|_2}, \quad \hat{\Omega}_n = [\hat{\Omega}_n, p_{n,ll}] \tag{9.20}$$

$$a_{\hat{\Omega}_n} = [a_{p_{n,1}} \quad \cdots \quad a_{p_{n,ll}}] \tag{9.21}$$

$$\beta_{n,ll} = [a_{\hat{\Omega}_n}^H a_{\hat{\Omega}_n}]^{-1} a_{\hat{\Omega}_n} r_{n,ll} \tag{9.22}$$

$$r_{n,ll} = r_{n,ll-1} - \beta_{n,ll} a_{\hat{\Omega}_n} \tag{9.23}$$

（6）收敛判断：如果残差小于设定门限或迭代次数大于设定次数则停止迭代；否则继续迭代，$ll = ll + 1$。

（7）最后将相位偏移项移回位置相同稀疏部分后与稀疏特有部分叠加得到 MIMO 信道估计值：

$$\boldsymbol{h}_{n,m} = \beta_c \mathrm{e}^{\mathrm{j}\phi_n}\delta[k+p_c] + \sum_{z=1}^{ll}\beta_{n,z}\delta[k+p_{n,z}], \quad n=1,2,\cdots,N \qquad (9.24)$$

在利用本章 DOMP 算法进行分布式压缩感知 MIMO 信道稀疏重建时，由于利用 SOMP 算法估计位置相同稀疏部分的位置及相位，算法选择的是与信号群残差之和最为匹配的原子集合，与独立重构相比相当于增加了观测值个数，因而可有效提高对 $\boldsymbol{h}_{c,m}$ 相同多径位置及相位的联合重构精度；在获取相同多径位置及相位后，通过测量矩阵重组构造联合测量矩阵 $\boldsymbol{A}_c$ 检测 MIMO 信道稀疏共同部分 $\boldsymbol{h}_{c,m}$ 的系数，由于 $\boldsymbol{A}_c$ 由各发射元发射信号叠加组成，从方程（9.13）可看出，MIMO 信道中位置相同多径部分产生的通道间干扰消失，由此可提高对 $\boldsymbol{h}_{c,m}$ 的匹配追踪检测性能。

同时，DOMP 算法第一步检测信道响应中位置相同多径时，采用 SOMP 联合重构对多个观测矩阵内积的叠加值进行门限判决，如低于门限则表示位置相同稀疏部分较小，此时转向算法第（4）步直接用 OMP 算法估计稀疏特有部分，即本章 DOMP 算法在多径位置相同稀疏部分不明显的情况下退化为 OMP 算法。因此，即使 MIMO 信道间不存在稀疏相关的情况，本章提出的分布式压缩感知框架下的 DOMP 算法也不会造成估计性能的下降。

9.2　仿　真　实　验

为了验证本章算法性能本小节进行了仿真实验。仿真 MIMO 信道利用 BELLHOP 水声信道仿真模型进行 MIMO 仿真信道构建[20]，设置 2 个发射源深度分别为 9m、10m，2 个接收阵元深度分别设为 8m、11m，距离 2000m，水深 20m（图 9.1），均匀声速。发射信号采用 QPSK 调制，两个发射源发射不相关的随机码元序列，通信速率为 8kbit/s，叠加高斯白噪声作为背景噪声。图 9.2 给出了 TX1-RX1、TX2-RX1、TX1-RX2、TX2-RX2 的仿真信道响应及响应的共同稀疏部分。从图 9.2 可以看出，两个发射源至同一接收元间的信道间存在位置相同的稀疏成分和特有稀疏部分。利用本章分布式压缩感知框架下 DOMP 重构的信道估计方法（简称 DCS 方法）与经典压缩感知估计的 OMP 以及 LS 两种传统估计算法进行 MIMO 信道估计性能比较。

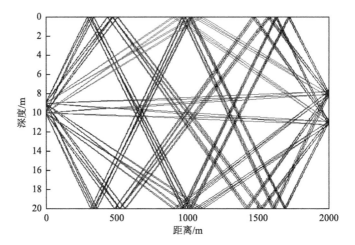

图 9.1　仿真信道声线轨迹（彩图附书后）

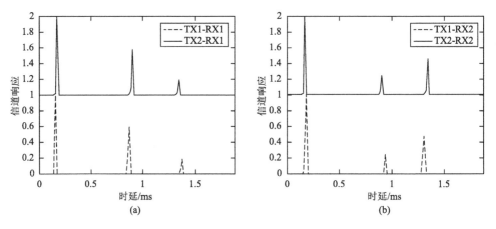

图 9.2　仿真 MIMO 信道响应

信道估计算法参数为：信道估计器阶数为 $L = 120$，训练序列长度设置为 $P =$ 50, 100, 200, 300。为测试各算法理想状态下的性能，OMP 算法的迭代次数设定为仿真信道的实际径数，DOMP 算法稀疏特有部分的迭代次数设定为仿真信道的实际径数减 1，即减去位置相同多径。

定义信道估计误差为

$$\mathrm{MSE}_{n,m} = E[\| \boldsymbol{h}_{n,m} - \widehat{\boldsymbol{h}}_{n,m} \|_2^2] \tag{9.25}$$

图 9.3 给出了训练序列长度 $P = 200$、不同信噪比条件下对 TX1-RX1、TX2-RX1、TX1-RX2、TX2-RX2 信道的估计误差曲线。图 9.4 给出了信噪比为 12dB、不同训练序列长度时对 TX1-RX1、TX2-RX1、TX1-RX2、TX2-RX2 信道的估计

误差曲线。从图 9.3、图 9.4 均可看出，本章 DCS 方法可获得比 OMP 及 LS 算法更好的估计性能，而 OMP 算法由于可利用信道稀疏特性抑制估计噪声，性能优于 LS 算法。

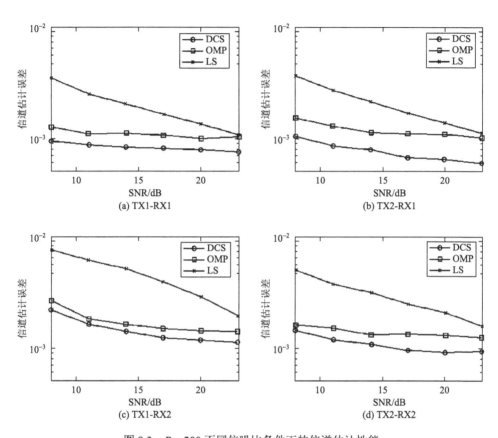

图 9.3　$P = 200$ 不同信噪比条件下的信道估计性能

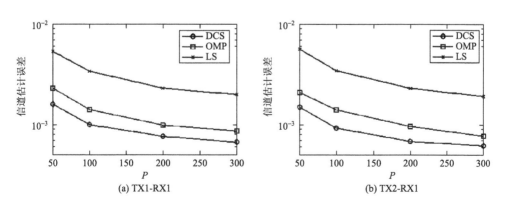

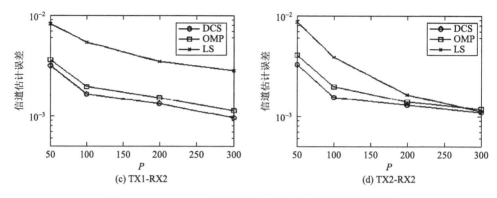

图 9.4　SNR = 12dB 不同训练序列长度下的信道估计性能

　　从图 9.3 中可看出，随着信噪比的提高，三种估计算法的信道估计性能随之改善，LS 算法由于在大量零值抽头上产生的估计噪声造成的影响，只有在信噪比较高的情况下可获得逼近 OMP 算法的估计性能。从图 9.4 中则可看出，训练序列长度 P 增大带来的信道估计性能改善。需要指出，由于仿真信道为时不变信道，不需要考虑训练序列长度 P 增大后是否满足信道保持稳定的前提。

　　因此，图 9.3、图 9.4 表明：与传统估计算法相比，分布式压缩感知估计方法在训练序列长度或信噪比相同的情况下具有高的 MIMO 信道重构精度，换言之，为获得相同的信道估计精度所需的训练序列更短，或需要的信噪比更低。

9.3　海 试 实 验

　　海上实验在厦门某海域进行，海域水深约 10m。实验 MIMO 通信系统采用 2 发 8 收，2 个发射源深度分别为 3m 和 4.5m，8 元垂直接收阵的阵元间距为 1m，最上端接收阵元距水面 1m，收发距离为 1km，实验收发设置及声速梯度分别如图 9.5（a）、（b）所示。MIMO 通信信号采用 QPSK 调制，通信速率为 8kbit/s，中心频率为 16kHz。每个发射换能器发射不相关的随机码元序列，未采用纠错编码，MIMO 通信速率为 16kbit/s。分别利用本章分布式压缩感知道估计与 OMP 估计、LS 估计两种传统算法获取实验信道特性。

　　考虑到无法准确获取海上实际信道响应用于信道估计算法的性能评估，采用图 9.6 所示基于信道估计的 MIMO 时反接收机结构[1]获得的通信误码率性能作为海试信道估计的性能评估，该接收机利用信道估计获取的信道特性进行各通道被动时反处理，并在各通道时反处理器后进行多通道合并，最后级联内嵌二阶锁相环的单通道判决反馈均衡器以消除多通道时反处理后的残余多径，并利用误码率结果进行性能评估。实验中原始接收信号的信噪比为 13dB。

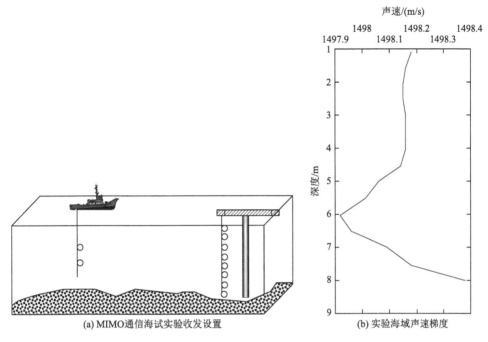

(a) MIMO通信海试实验收发设置　　　　(b) 实验海域声速梯度

图 9.5　MIMO 水声通信实验设置

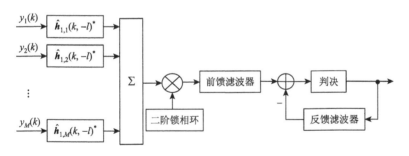

图 9.6　MIMO 时反接收机结构[1]

MIMO 信道估计算法参数为：信道估计器阶数 $L = 150$，1/2 波特间隔，用于信道估计的训练序列长度 P 分别设置为 600、300、150、75，即分别对应 300 个、150 个、75 个、37.5 个符号。考虑到海试实验信道的时变特性，每 300 个信息符号（75ms）插入一个信道估计训练序列用于进行周期性信道估计并更新时反处理器，因此长的信道训练序列将造成系统额外开销的增加，信号帧格式如图 9.7 所示。OMP 算法的多径径数设定为 4，本章 DOMP 算法稀疏特有部分的迭代次数设定为 3。

信道估计 训练序列	均衡器训练序列 （300个符号）	信道估计 训练序列	信息符号 （300个符号）	信道估计 训练序列	···

图 9.7　信号帧格式

　　MIMO 通信时反接收机参数为：时反处理器阶数 150，1/2 波特间隔，判决反馈均衡器前馈滤波器长度 64，反馈滤波器长度 32；判决反馈均衡器采用 RLS 算法进行系数迭代，RLS 算法遗忘因子设置为 0.995，初始 300 个信息符号作为判决反馈均衡器的训练序列（图 9.7）。实验信道时变引入的多普勒首先采用文献[1]方法进行测量，然后采用重采样进行多普勒的初步补偿，残余多普勒则通过嵌入单通道判决反馈均衡器的二阶锁相环[20]进行抑制，二阶锁相环因子为 0.0003。

　　图 9.8 所示为 LS 算法获得的海试实验 TX1-RX2、TX2-RX2 及 TX1-RX5、TX2-RX5 信道多径结构。从图 9.8 中可以看出，不同发射换能器到同一接收阵元（TX1-RX2 与 TX2-RX2，TX1-RX5 与 TX2-RX5）间信道的多径结构均具有明显的相关特性，且多径结构中包含多径时延相同部分和特有部分，可应用本章提出的 MJSM 模型进行分布式压缩感知建模及 DOMP 重构。同时可以看出，图 9.8 所示的 MIMO 信道多径具有明显的时变特性，多普勒测量值约为–2.0Hz，通过重采样进行初步补偿。

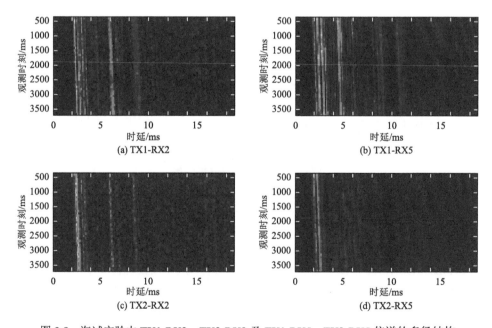

图 9.8　海试实验中 TX1-RX2、TX2-RX2 及 TX1-RX5、TX2-RX5 信道的多径结构

图 9.9 给出了不同训练序列长度下使用三种信道估计算法时 MIMO 时反接收机的误比特率性能。从图 9.9 中可以看出，在同样训练序列长度下，总体上本章算法对应接收机的性能优于采用 OMP 及 LS 算法；同时，随着信道估计的训练序列长度 P 从 75 增加到 300，误比特率性能呈明显下降趋势，但信道存在时变导致 P 过大后训练序列范围内信道保持稳定的前提不成立，P 增加到 600 后时反接收机误比特率改善变得较不明显，采用 OMP 及 LS 算法时 MIMO 时反接收机误比特率甚至高于 P 为 300 时的误比特率。

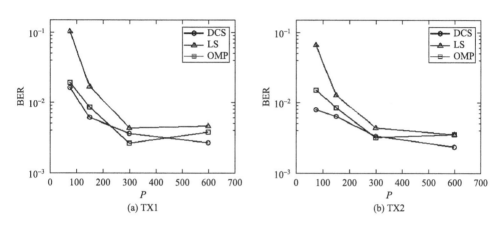

图 9.9　不同训练序列长度下采用各信道估计算法的时反接收机误比特率曲线

图 9.10 给出了训练序列长度为 75 时使用三种信道估计算法的 MIMO 时反接收机输出信号星座图。从图 9.10 可以看出，本章分布式压缩感知模型下信道联合重构接收机输出信号星座图优于采用 OMP 及 LS 算法估计时的接收机。其中，LS 算法信道估计对应的时反接收机在 $P = 75$ 时其输出星座图已几乎无法分离。

图 9.11 给出了训练序列长度为 150 时使用三种信道估计算法获得的 TX1-RX5、TX2-RX5 信道响应。从图 9.11（c）可以看出，LS 算法未利用信道的稀疏特性，因

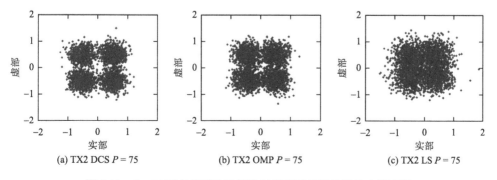

图 9.10　$P = 75$ 时各信道估计算法对应的时反接收机输出星座图

此其估计结果中在非零抽头处有大量明显的估计噪声；图 9.11（b）显示，OMP 算法利用信道稀疏性有效抑制了非零抽头处的估计噪声，但通道间干扰（co-channel interference，CoI）的影响导致对微弱多径检测性能下降；如图 9.11（a）所示，本章 DOMP 算法则在利用共同稀疏性抑制估计噪声的同时仍可利用分布式压缩感知下的联合重构改善微弱多径检测性能。

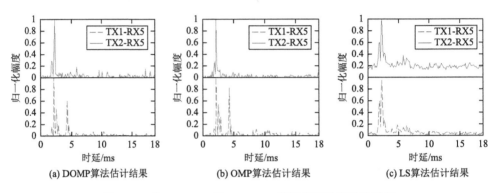

(a) DOMP算法估计结果　　　　　　(b) OMP算法估计结果　　　　　　(c) LS算法估计结果

图 9.11　对 TX1-RX5 及 TX2-RX5 通道信道响应估计结果

9.4　小　　结

针对 MIMO 水声通信系统中多径、通道间干扰造成的信道估计性能下降，本章提出利用 MIMO 信道多径的空间稀疏相关特性改善 MIMO 信道估计性能，通过对 MIMO 测量矩阵进行重组构建了 MIMO 信道的联合稀疏模型，并设计了对多径相同位置部分及特有稀疏部分采用不同重构方式的区分性正交匹配追踪算法，从而可通过联合重构及抑制 CoI 提高 MIMO 信道估计性能。信道估计仿真及 MIMO 通信海试实验验证了本章算法的有效性。

参 考 文 献

[1] Song A，Badiey M，McDonald V K，et al. Time reversal receivers for high data rate acoustic multiple-input-multiple-output communication[J]. IEEE Journal of Oceanic Engineering，2011，36（4）：525-538.

[2] Song B G，Ritcey J A. Spatial diversity equalization for MIMO ocean acoustic communication channels[J]. IEEE Journal of Oceanic Engineering，1996，21（4）：505-512.

[3] 朴大志，李启虎，孙长瑜. 时间反转技术对水声多输入多输出系统干扰抑制性能的研究[J]. 通信学报，2008，29（7）：81-87.

[4] Song H C，Roux P，Hodgkiss W S，et al. Multiple-input-multiple-output coherent time reversal communications in a shallow-water acoustic channel[J]. IEEE Journal of Oceanic Engineering，2006，31（1）：170-178.

[5] Ling J，Tan X，Yardibi T，et al. On Bayesian channel estimation and FFT-based symbol detection in MIMO underwater acoustic communications[J]. IEEE Journal of Oceanic Engineering，2013，39（1）：59-73.

[6]　Flynn J A，Ritcey J A，Rouseff D，et al. Multichannel equalization by decision-directed passive phase conjugation：Experimental results[J]. IEEE Journal of Oceanic Engineering，2004，29（3）：824-836.

[7]　Zhou Y，Tong F，Zeng K，et al. Selective time reversal receiver for shallow water acoustic MIMO communications[C]. OCEANS 2014-TAIPEI，Taibei，2014：1-6.

[8]　Rafati A，Lou H，Xiao C. Soft-decision feedback turbo equalization for LDPC-coded MIMO underwater acoustic communications[J]. IEEE Journal of Oceanic Engineering，2013，39（1）：90-99.

[9]　Li B，Huang J，Zhou S，et al. MIMO-OFDM for high-rate underwater acoustic communications[J]. IEEE Journal of Oceanic Engineering，2009，34（4）：634-644.

[10]　Roy S，Duman T M，McDonald V，et al. High-rate communication for underwater acoustic channels using multiple transmitters and space-time coding：Receiver structures and experimental results[J]. IEEE Journal of Oceanic Engineering，2007，32（3）：663-688.

[11]　Tao J，Zheng Y R，Xiao C，et al. Robust MIMO underwater acoustic communications using turbo block decision-feedback equalization[J]. IEEE Journal of Oceanic Engineering，2010，35（4）：948-960.

[12]　Tao J，Zheng Y K，Xiao C，et al. Channel equalization for single carrier MIMO underwater acoustic communications[J]. EURASIP Journal on Advances in Signal Processing，2010，（6）：1-17.

[13]　Baron D，Duarte M F，Wakin M B，et al. Distributed Compressive Sensing[C]. IEEE International Conference on Acoustics Speech & Signal Processing，Taibei，2009.

[14]　王韦刚，杨震，胡海峰. 分布式压缩感知实现联合信道估计的方法[J]. 信号处理，2012，28（6）：778-784.

[15]　苏晓星，李风华，简水生. 浅海低频声场的水平纵向相关性[J]. 声学技术，2007，26（4）：579-583.

[16]　王鲁军，彭朝晖，李整林. 斜坡海底条件下声场垂直相关特性研究[J]. 声学学报，2011，36（6）：596-604.

[17]　Bajwa W，Haupt J，Raz G，et al. Toeplitz-structured compressed sensing matrices[C]. IEEE/SP 14th Workshop on Statistical Signal Processing，Madison，2007：294-298.

[18]　Tropp J A，Gilbert A C，Strauss M J. Simultaneous sparse approximation via greedy pursuit[C]. IEEE International Conference on Acoustics，Speech，and Signal Processing，Philadelphia，2005：721-724.

[19]　Li W，Preisig J C. Estimation of rapidly time-varying sparse channels[J]. IEEE Journal of Oceanic Engineering，2007，32（4）：927-939.

[20]　童峰，许肖梅，方世良，等. 改进支持向量机和常数模算法水声信道盲均衡[J]. 声学学报，2012，37（2）：143-150.

第10章 多频带水声信道的时频联合稀疏估计

水声信道具有的复杂时、空、频变化特性是高速率水声通信系统研究和设计的主要障碍。单载波和正交频分复用（orthogonal frequency division multiple，OFDM）[1-15]均是受到广泛研究的高速率水声通信技术方案：对单载波水声通信系统而言，大带宽意味着极短的码元持续时间，因此长时延水声信道将导致严重的码间干扰（intersymbol interference，ISI）。OFDM 可利用循环前缀或者保护间隔进行多径抑制，但多普勒敏感性及均峰比问题对其性能造成显著影响。多频带（multiband）水声通信系统通过将较大的带宽分成若干个子带并设置保护间隔，提供了实现单载波和 OFDM 通信系统之外高速水声通信的一种折中方案[9]。考虑到相对单载波和 OFDM 信道不同的特点，本章介绍围绕多频带水声信道开展的稀疏估计算法研究工作。

10.1 多频带水声通信简介

与单载波和 OFDM 相比，多频带水声通信技术相关研究较少。Roy 等[9]研究了多频带水声通信接收机结构复杂度和时变跟踪能力，该接收机通过最小二乘信道估计器进行子频带信道估计后级联信道均衡器；van Walree 等[16]将多频带与扩频调制结合设计了联合均衡和解扩接收机结构，在 50km 距离上获得了 75bit/s 的通信速率；Song 等[10]研究了采用多通道时反结合单通道判决反馈均衡器的多频带水声通信接收机，并在每个子频带中采用 MP 算法进行信道稀疏估计；Leus 等[17]研究了 OFDM 调制的多频带通信，通过把 3.6kHz 的带宽分成 16 个子频带 OFDM 调制，并结合基扩展模型进行子频带 OFDM 信道估计和均衡。可以看出，当前多频带水声通信研究大多集中在通信接收机结构设计以及不同调制方式的结合上，对子频带信道的估计仍采用经典估计算法（如最小二乘）或现有压缩感知算法（如匹配追踪）。

在理想的波导环境中，多频带系统在同一个时刻每个子频带的信道多径结构可认为近似相同，即具有高度相关的多径抽头的位置。同时，由于每个子频带采用不同的中心频率进行调制，造成不同程度的散射、衰减等，在每个子频带引起了信道的变化，因此虽然大部分多径抽头位置呈现出很高的相关性，但是多径抽头系数并不相同。另外，在时间域每个子频带内数据块持续时间可认为小于信道相干时间，因此相邻两个数据块的信道多径结构也存在很高的相关性。

　　充分利用水声信道多径结构存在的稀疏特性来设计高效信道估计与匹配方法为提高多频带水声通信性能提供了新的有效途径，基于此考虑，本章从分布式压缩感知[8, 13]的角度研究时频联合稀疏的利用，可为多频带水声通信信道的高效估计提供新的思路。同时，结合时频联合稀疏估计构造的多频带水声通信接收机将改善匹配效果，仿真实验和海试实验均验证了由此带来的通信性能提升，结果表明：利用联合时频域信道稀疏结构特性为信道估计和匹配提供了一定的处理增益。

10.2　多频带 SIMO 水声信道模型

　　对多频带水声信道而言，多径结构在时频域均存在相关性，图 10.1 所示为联合频带稀疏和联合时间稀疏的示意图，图中虚线矩形选择的数据块代表联合时间稀疏，虚线椭圆选中的数据块代表联合频带稀疏。

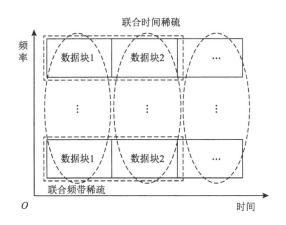

图 10.1　联合频带稀疏和联合时间稀疏示意图

　　考虑多频带 SIMO 水声通信系统，假设在第 i 个接收阵元，第 j 个子频带的第 k 个数据块接收到的基带信号如下：

$$y_i^j(k,n) = \sum_{l=0}^{L-1} x^j(k,n-l)h_i^j(k,l) + \omega_i^j(k,n), \quad i=1,2,\cdots,N; j=1,2,\cdots,M \quad (10.1)$$

式中，n 是在一个数据块内的符号索引；N 为垂直接收阵元的个数；M 为总的子频带个数；$x^j(k,n)$ 为第 j 个子频带的发射符号；在第 i 个接收阵元第 j 个子频带的信道冲激响应为 $h_i^j(k,l)$，其信道总长度为 L；$\omega_i^j(k,n)$ 为从第 i 个接收阵元第 j 个子频带接收的随机噪声。

假设在 P 个采样点的持续时间，信道保持不变，式（10.1）可以写成矩阵的形式：

$$y_i^j(k) = A^j(k)h_i^j(k) + \omega_i^j(k) \tag{10.2}$$

式中

$$A^j(k) = \begin{bmatrix} x^j(k, L-1) & x^j(k, L-2) & \cdots & x^j(k, 0) \\ x^j(k, L) & x^j(k, L-1) & \cdots & x^j(k, 1) \\ \vdots & \vdots & & \vdots \\ x^j(k, L+P-2) & x^j(k, L+P-3) & \cdots & x^j(k, P-1) \end{bmatrix} \tag{10.3}$$

$$y_i^j(k) = [y_i^j(k, L-1) \ y_i^j(k, L) \ \cdots \ y_i^j(k, L+P-2)]^T \tag{10.4}$$

$$h_i^j(k) = [h_i^j(k, 0) \ h_i^j(k, 1) \ \cdots \ h_i^j(k, L-1)]^T \tag{10.5}$$

$$\omega_i^j(k) = [\omega_i^j(k, L-1) \ \omega_i^j(k, L) \ \cdots \ \omega_i^j(k, L+P-2)]^T \tag{10.6}$$

式（10.2）中可以用 LS 算法或者 OMP 算法[8]对每个数据块及每个子频带的信道进行经典估计或压缩感知估计。进一步，从分布式压缩感知的角度可利用多个子频带和多个数据块进行联合稀疏信道估计，提高多频带水声通信信道估计性能。

10.3　基于多路径选择的时频联合稀疏信道估计算法

10.3.1　算法推导

对实际水声信道而言，在时域或频域多径结构类似的水声信道不可避免地存在差异稀疏，即仍然有部分多径的时延位置并不相同。在 JSM2 模型[8]下用分布式压缩感知进行稀疏信道建模时将差异稀疏集多径直接视为噪声，对信道估计性能造成影响。本节采用多路径选择的方案可解决差异稀疏造成的问题[18]。

考虑上述多频带水声通信模型，将多频带 SIMO 水声信道分解成共同稀疏集部分和差异稀疏集部分，用公式表示为

$$h_i^j(k) = h_{i,c}^j(k) + h_{i,d}^j(k) \tag{10.7}$$

式中，$h_{i,c}^j(k)$ 为共同稀疏集部分；$h_{i,d}^j(k)$ 为差异稀疏集部分。基于 JSM2 模型的水声信道只包含 $h_{i,c}^j(k)$，本节研究不但加强了共同稀疏集部分，还确保差异稀疏集的正确性。

　　文献[18]、[19]把多路径选择方案用在 OMP 算法上。本章进一步将多路径选择方案用于分布式压缩感知信道估计算法。多路径选择的核心思想是，每次迭代中选择若干个原子，每个选择的原子在下一次迭代中又产生若干个原子，如图 10.2（b）所示；而 OMP 算法在每次迭代中选择 1 个原子，如图 10.2（a）所示。本章将该思想用于分布式压缩感知的 SOMP 算法中，并将该算法称为联合多频稀疏和时间稀疏的多路径选择 SOMP（joint band sparsity and time sparsity-multiple selection SOMP，JBT-MSSOMP）信道估计算法。特别地，当 $Q=1$，即在时间域上只选择一个数据块时，JBT-MSSOMP 算法退化成联合多频稀疏的多路径选择 SOMP（joint band sparsity-multiple selection SOMP，JB-MSSOMP）算法。在 JBT-MSSOMP 算法中，每次迭代选择一个原子，那么 JBT-MSSOMP 算法退化成经典的 SOMP 算法，将其称为采用联合多频带稀疏和时间稀疏的 SOMP（joint band sparsity and time sparsity SOMP，JBT-SOMP）算法。特别地，在 JBT-SOMP 算法中，当 $Q=1$、$M=1$ 时，JBT-SOMP 算法退化成经典的 OMP 算法。

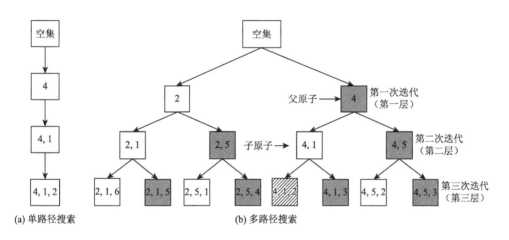

图 10.2　单路径和多路径搜索示意图

　　图 10.2 为单路径和多路径的搜索示意图。其中，图 10.2（a）为 OMP 或者 SOMP 的搜索示意图，在每次迭代中，只选择一个最大的原子。而图 10.2（b）为多路径搜索示意图。在第 s 次迭代中，所有的原子都看作子原子，而在 $s-1$ 次迭代中产生该原子的原子称为父原子，如图 10.2（b）所示。为了保存信道的时延、抽头系数和残差，定义三种原子，即时延原子、抽头系数原子和残差原子，所有的原子构成一棵树，对应为时延树、抽头系数树和残差树。该三种树具有相同的结构，如图 10.2（b）所示。在第 s 次迭代中，每个原子都遗传其父原子的信息，故每个原子都有 s 个元素。

JBT-MSSOMP 信道估计算法具体过程如算法 10.1 所示。

算法 10.1　JBT-MSSOMP 信道估计算法

输入：$A^j(k)$，$y_i^j(k)$，稀疏度 S。

初始化：建立 $Q \times M$ 棵树，包括时延树、抽头系数树和残差树，分别记为 $\boldsymbol{\Gamma}_j(k)$、$\boldsymbol{\rho}_j(k)$ 和 $\boldsymbol{u}_j(k)$。所有树中的原子都初始化为 0。初始化迭代次数 $s = 0$；初始化残差 $\boldsymbol{u}_j^0(v,k) = y_i^j(k)$；$j = 1,2,\cdots,M$；$k = 1,2,\cdots,Q$；$v = 1,2,\cdots,D$。

迭代 $s = 1 : S$

　　子迭代 $g^{s-1} = 1 : D^{s-1}$

　　g^{s-1} 表示第 $s-1$ 次迭代中的第 g^{s-1} 个原子。从第 $s-1$ 次迭代中的每个时延父原子中产生若干个时延子原子，如式（10.8）所示：

$$\lambda_{g^{s-1}} = \underset{\lambda_{g^{s-1}} = D}{\arg\max} \sum_{k=1}^{Q} \sum_{j=1}^{M} |\langle A^j(k), \boldsymbol{u}_j^{s-1}(g^{s-1},k)\rangle| \qquad (10.8)$$

$\boldsymbol{u}_j^{s-1}(g^{s-1},k)$ 表示第 j 个子频带第 k 个数据块，在 $s-1$ 次迭代中，第 g^{s-1} 个节点中的残差。计算第 j 个子频带第 k 个数据对应的测量矩阵与残差的内积，一共有 $Q \times M$ 个内积，最后把这些内积的绝对值累加。在累加的内积中找到前 D 个最大值，并将其位置保存在 $\lambda_{g^{s-1}}$ 向量中。$\lambda_{g^{s-1}} = D$ 表示 $\lambda_{g^{s-1}}$ 中有 D 个非零元素。

$$\boldsymbol{\Gamma}_j^s(g^s,k) = \boldsymbol{\Gamma}_j^{s-1}(g^{s-1},k) \bigcup \lambda_{g^{s-1}}(d) \qquad (10.9)$$

$$\boldsymbol{\rho}_j(g^s,k) = A_{j,(\Gamma_j^s(g^s,k))}^{\dagger}(k)\boldsymbol{y}_{i,j}(k) \qquad (10.10)$$

$$\boldsymbol{u}_j^s(g^s,k) = y_i^j(k) - (A^j)_{\Gamma_j^s(g^s,k)}^{\dagger}\boldsymbol{\rho}_j(g^s,k) \qquad (10.11)$$

第 s 次迭代中第 g^s 个子原子与在第 $s-1$ 次迭代中其对应的父原子 g^{s-1} 对应的关系为 $g^s = (g^{s-1}-1)+d$，d 表示同一个父原子产生子节点的顺序。如图 10.2（b）所示，在第三次迭代中，带阴影的原子从第二次迭代中的父原子产生，而且其是第一个产生的，故 $g = 3$，$d = 1$，带阴影中的原子顺序为（3-1）×2+1 = 5。保存时延到对应的节点如式（10.9）所示。根据时延节点计算对应的抽头系数和残差，并保存到各自相应的节点。

　　停止子迭代

停止迭代

输出：

　　最后的残差储存在 $\boldsymbol{u}_j^S(g^S,k)$ 中，计算每棵树最后一次迭代的残差，选择最小残差对应的位置，保存在 $\hat{g}_j^S(k)$ 中。

$$\hat{g}_j^S(k) = \underset{g^s = 1 : D^S}{\arg\min} \| \boldsymbol{u}_j^S(g^S,k)\|_2^2 \qquad (10.12)$$

在每棵时延树和抽头系数树中，根据选择的位置，在抽头系数树中索引抽头系数。

$$\hat{\boldsymbol{h}}_{i,j}(k) = \boldsymbol{\rho}_j(\hat{g}_j^S(k),k) \qquad (10.13)$$

对应的时延为 $\Gamma_j^S(\hat{g}_j^S(k),k)$。

至此，信道的时延和抽头系数已经重构，信道估计完毕。

　　从式（10.2）中可以看出，如果多个信道具有相同的时延，那么具有相同时延的多径抽头估计得到了增强，但是具有不同时延的抽头将会被估计成虚拟抽头，这种虚拟抽头将会降低信道均衡器的性能。不过，只要不同时延多径抽头落在 D 个子原子中，通过产生多原子、多路径选择和选择最小残差，最终可以把这些不同时延的抽头重构出来。不仅具有相同时延多径抽头的估计得到了增强，而且同时也提高了对不同时延多径的估计性能，这个是提出算法与 SOMP 算法的最本质区别。

从上面的分析可知原子个数按指数增长，当 D 和 S 很大时，计算量非常大。考虑到水声信道稀疏多径的个数有限，本章选择了一个折中的方案。每次迭代中，一共有 D^s 个原子，选择前 κ 个最大的原子，抛弃 $D^s - \kappa$ 个原子。所以，在第 s 次迭代中，一共有 κD 个原子，也就是有 κD 个树枝，这样在不损失信道估计性能的情况下，显著降低了计算复杂度。

10.3.2　计算复杂度分析

本节分析 OMP、JBT-SOMP 和 JBT-MSSOMP 算法的计算复杂度。假设乘法和加法拥有相同的计算复杂度[20, 21]，在第 s 次迭代中，OMP 算法的计算复杂度是 $O(PL + Ps + Ps^2 + s^3)$ [20]。

表 10.1 描述了三个算法的计算复杂度，对于每个信道估计，JBT-SOMP 算法比 OMP 算法多了 $O(PL)$ 次，这是由式（10.8）联合多个数据块进行信道估计造成的。JBT-MSSOMP 算法由于采用多路径搜索，其计算复杂度比前两者大。JBT-MSSOMP 的计算量由 D 和 κ 决定。由于水声信道的稀疏性，D 和 κ 的数值一般不会很大，JBT-MSSOMP 的计算复杂度仍然可以接受。

表 10.1　不同算法计算复杂度比较

算法名称	计算复杂度
OMP	$O(PL + Ps + Ps^2 + s^3)$
JBT-SOMP	$O(PL + PL + Ps + Ps^2 + s^3)$
JBT-MSSOMP	$O(\kappa PL + \kappa D(PL + Ps + Ps^2 + s^3))$

10.4　仿真实验

10.4.1　仿真设置

本节仿真设置两个频带的多频带水声通信系统。第一个频带记为 band-1，第二个频带记为 band-2，band-2 信道多径抽头位置部分与 band-1 信道抽头位置一致，如图 10.3 所示。仿真实验在基带进行，通信速率为 24000bit/s，采用 QPSK 映射方式。仿真的信噪比设置为 3dB。仿真实验中，比较 OMP、JBT-SOMP、JB-MSSOMP 和 JBT-MSSOMP 算法的性能。

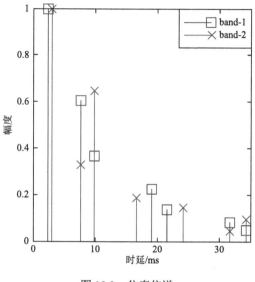

图 10.3　仿真信道

10.4.2　仿真结果与分析

仿真信道估计结果用信道估计均方误差来描述。图 10.4（a）和图 10.4（b）描述了信道估计的 MSE。从图 10.4 中可以看出，在短的观测长度下，如 5～10ms，JBT-SOMP 算法获得的 MSE 比 OMP 算法获得的 MSE 要低，JBT-SOMP 算法采用了多个数据块联合估计。随着观测长度的增加，如大于 20ms，JBT-SOMP 算法获得的性能稍微比 OMP 算法获得的性能差一些，在图 10.4（a）中，训练序列长度为 25ms 时，JBT-SOMP 获得的 MSE 是 –12.10dB，OMP 算法获得的 MSE 是 –12.33dB。

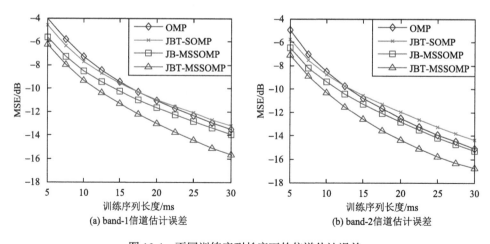

(a) band-1信道估计误差　　　　　　　　(b) band-2信道估计误差

图 10.4　不同训练序列长度下的信道估计误差

造成这种现象的原因是，JBT-SOMP 算法把差异稀疏集的信道多径估计成噪声，从而降低了其性能。在整个观测长度下（5～30ms）JB-MSSOMP 算法和 JBT-MSSOMP 算法可获得比 JBT-SOMP 算法或者 OMP 算法更好的性能。由于 JB-MSSOMP 算法或者 JBT-MSSOMP 算法采用多路径选择方案，把差异稀疏支撑集的多径抽头正确估计出来，从而提高了估计性能。

10.5　海 试 实 验

10.5.1　海试实验设置

本章海试实验在厦门某海域进行，实验海域平均水深约 10m。垂直接收阵列包含 4 个接收阵元，从海面第一个接收阵元到第四个接收阵元的深度分别为 2m、4m、6m 和 8m。发射阵元固定在船上，深度位于水下 2m，如图 10.5（a）所示，发射端和接收端的水平距离为 1000m。发射端到接收端从海面到海底的信道分别记为通道 1、通道 2、通道 3 和通道 4。图 10.5（b）为实验区域声速梯度，从图 10.5（b）中可以看出从海面到海底，声速区别不大，声速呈微弱的负梯度。

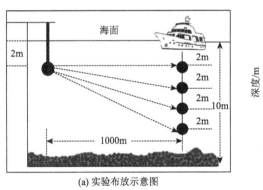
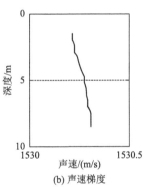

(a) 实验布放示意图　　　　　　　(b) 声速梯度

图 10.5　实验布放示意图和声速梯度

实验采用 2 个频带的 QPSK 水声信号进行多频带传输，每个子频带的带宽为 1.25kHz，频带间的保护间隔为 0.5kHz。两个子频带的中心频率为 13.8kHz 和 15.5kHz，分别记为 band-1 和 band-2。信号的持续时间为 5.6s。

由于海试实验无法预知真实信道，为了测试信道估计性能，本章采用基于多通道信道估计的判决反馈均衡（multi-channel estimation based decision feedback equalizer，MCE-DFE）接收机[15]的输出信噪比（OSNR）、星座图、误码率指标进行对应信道估计算法的性能评估[15]。

水声通信实验系统参数如表 10.2 所示。信道长度设置为 200ms，对应 200 个符号长度。前馈滤波器和反馈滤波器长度分别为 400 个和 199 个符号长度。OMP、JBT-SOMP、JB-MSSOMP 和 JBT-MSSOMP 算法的稀疏度 $S=15$；在 JB-MSSOMP 和 JBT-MSSOMP 算法中，设置 $\kappa=10$，设置每次产生原子个数 $D=5$。因此，在每次迭代中，每 10 个最大的原子在下一次迭代中分别产生 5 个原子，在此迭代中一共有 50 个原子；设置多频带个数 $M=2$；设置连续数据块个数 $Q=2$。为了进一步评估系统性能，采用低密度奇偶校验码（low density parity check，LDPC）信道编码[22]，LDPC 码的码率为 2/3。

表 10.2　多频带水声通信实验系统参数

参数	参数描述	数值
f_s	采样率	96ks/s
f_c	子频带	13.8kHz 和 15.5kHz
R	符号率	1000 个/s
N_T	发射源个数	1
N_R	接收阵元	4
K_{os}	过采样率	1
$T_{preamble}$	报文持续时间	0.25s
T_{ch}	信道长度	200ms
L	离散信道长度	$L=T_{ch}R$
N_{ff}	前馈滤波器长度	$2L$
N_{fb}	反馈滤波器长度	$L-1$

10.5.2　实验结果与分析

图 10.6（a）、（b）分别为通道 3 的 band-1 和 band-2 的信道冲激响应图。信道长度设置为 200ms，信道估计前进行多普勒估计和补偿。为了更精确地恢复信道特性，训练序列长度为信道长度的 3 倍。信道估计算法为 LSQR。从图 10.6 中可以看出，水声信道呈现出较为典型的稀疏性，压缩感知信道估计算法可直接用于水声信道估计以提高信道估计性能。从图 10.6 中还可以看出，水声信道显现大的多径时延扩展，如多径时延可持续到将近 100ms。在理想的波导条件下，理论上两个子频带的信道是相同的，但实际上由于两个子频带的中心频率差异，其声场传播存在差异，但是 band-1 和 band-2 多径结构仍然显现明显的相关性，即不同子频带信道存在大量位置相同的多径抽头，为利用分布式压缩感知改善信道估计性能提供了可能。

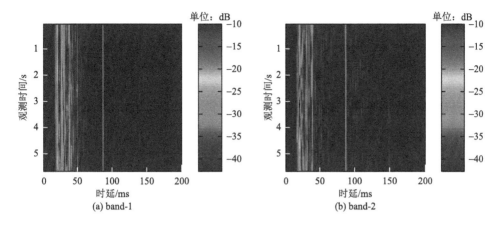

图 10.6　通道 3 的信道冲激响应

图 10.7 给出了 MCE-DFE 接收机在不同训练序列长度下各算法对应 MCE-DFE
接收机的 OSNR。从图 10.7 中可以看出，OSNR 随着观测长度变大而变大，因为
长的观测长度提高了接收信号与训练序列的相关性，提高了多径位置的检测性能。
明显地，LSQR 信道估计算法取得最低的 OSNR。由于 LSQR 信道估计算法不是
稀疏恢复算法，在非零抽头存在大量的估计噪声，降低了接收机性能；另外，LSQR
算法的观测长度往往要大于信道长度的 2～3 倍才能取得较好的信道估计性能。比
较 OMP、JB-SOMP、JB-MSSOMP、JBT-SOMP 和 JBT-MSSOMP 算法，本章提出
的 JB-MSSOMP 和 JBT-MSSOMP 算法在较低的观测长度下（如小于 80ms）取得
较高的 OSNR。

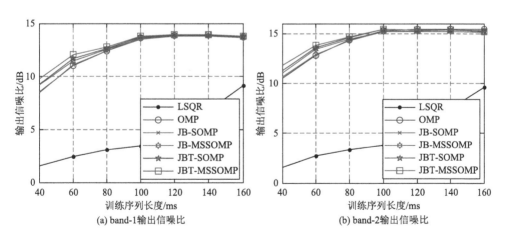

图 10.7　不同训练序列长度下的 OSNR 结果

同时，在较短的训练序列长度下，接收信号与发射信号的相关性得到不同程

度的降低, 使得传统 OMP 算法在搜索多径抽头位置的能力下降, 传统的 JB-SOMP 算法由于利用了信道间多径抽头的相关性, 在较短的训练序列长度下提高了多径抽头搜索能力, 提高了信道估计性能, 但是传统的 JB-SOMP 算法忽略了差异稀疏部分, 将差异稀疏部分视为噪声。本章采用多路径选择策略, 在传统的 JB-SOMP 算法基础上, 不但利用了多径抽头的相关性提高相同多径抽头位置的检测能力, 而且通过多路径选择, 恢复了不同位置的多径重构, 提高了信道估计性能, 从而为 MCE-DFE 提供精确的信道信息, 提高 MCE-DFE 的 OSNR。

从图 10.7 中还可以看出, JB-MSSOMP 和 JBT-MSSOMP 算法所获得的 OSNR 在训练序列长度为 100ms 的时候达到收敛, 再随着观测长度变长, 其对应的 OSNR 变化不大。因为在较长的观测长度下, 接收信号与训练序列的相关性增强, 传统的 OMP 信道估计算法检测多径抽头位置的能力得到提高, 基于多路径的分布式压缩感知信道估计算法所获得的增益变小。

图 10.8 为 MCE-DFE 接收机在工作模式下的 OSNR。除了观测长度设置为 60ms 之外, 所有的参数与训练模式下的参数相同。在工作模式下, 除了报文的发射训练是已知的, 其他的都当作未知的。报文的作用在于两个方面: 初始的信道估计和初始多普勒估计。在工作模式下, 用前一块已判决的序列为后一个数据块进行信道估计和多普勒估计, 直到所有的接收信号解调完毕。为了防止错误传递造成接收机崩溃, 14.29% 的符号当作已知, 并均匀分布在整个接收信号中, 其用于纠正信道估计和多普勒估计。

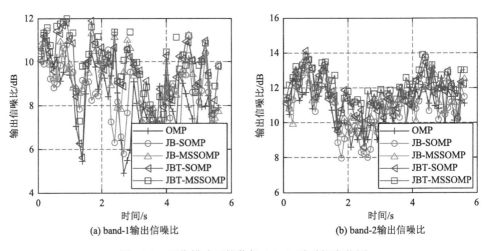

(a) band-1输出信噪比　　　　　　　　　　(b) band-2输出信噪比

图 10.8　工作模式下接收机 OSNR 随时间变化图

从图 10.8 中可以看出, 本章提出的 JB-MSSOMP 和 JBT-MSSOMP 算法可以比 OMP 算法获得更高的 OSNR。在图 10.8 (a) 和 (b) 中, JB-MSSOMP 和

JBT-MSSOMP 算法相对 OMP 算法获得的信噪比增益分别为 0.93dB、1.64dB 和 0.76dB、1.48dB。工作模式的结果与训练模式的结果相同。从图 10.8 中还可以看出，OMP 算法获得的 OSNR 随时间变化存在一定程度振荡，原因是 OMP 算法获得的误比特率比较高，造成错误传递。

图 10.9 给出了 band-1 和 band-2 工作模式下的星座图。其中，图 10.9（a）、（b）分别为 band-1 下 OMP 和 JBT-MSSOMP 算法获得的星座图；图 10.9（c）、（d）分别为 band-2 下 OMP 和 JBT-MSSOMP 算法获得的星座图。从图 10.9 中可以看出，OMP 算法的星座图略微模糊，而 JBT-MSSOMP 获得的星座图四个象限分离明显。

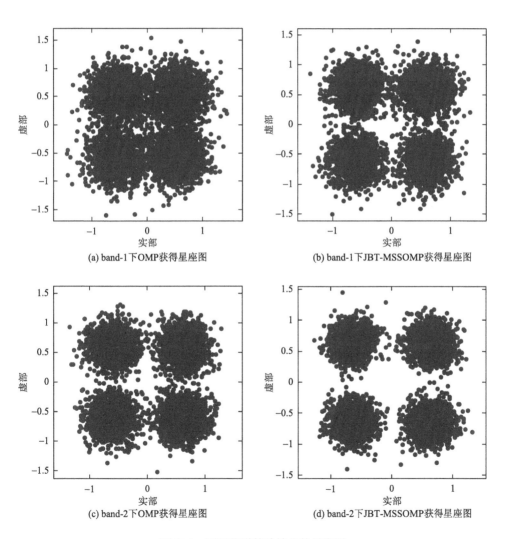

(a) band-1下OMP获得星座图　　　　　　　　(b) band-1下JBT-MSSOMP获得星座图

(c) band-2下OMP获得星座图　　　　　　　　(d) band-2下JBT-MSSOMP获得星座图

图 10.9　不同信道算法输出的星座图

表 10.3 为工作模式下原始误码率和信道编码后的误比特率。从表 10.3 中可以看出，LSQR 由于原始误比特率比较高，信道编码失去了作用。而 JBT-MSSOMP 经过信道编码后两个子频带的误比特率都为 0。

表 10.3　不同信道估计算法获得的误比特率

算法	band-1		band-2	
	原始 BER/%	编码后 BER/%	原始 BER/%	编码后 BER/%
LSQR	42.14	42.26	41.94	42.16
OMP	1.94	0.56	0.24	0
JB-SOMP	1.73	0.2	0.23	0
JB-MSSOMP	0.83	0	0.11	0
JBT-MSSOMP	0.61	0	0.0357	0

图 10.7～图 10.9 及表 10.3 表明，本章提出的 JB-MSSOMP 和 JBT-MSSOMP 算法在短的观测长度下可以有效地提高多频带水声通信系统的性能。

10.6　小　　结

多频带水声通信系统由于各子频带间中心频率差异导致其声场传播差异，但是各子带间存在着大量抽头位置相同，抽头系数不同的多径，即不同子频带之间的信道有很强的相关性。这种子频带间信道的相关性为进一步提高信道估计提供可能。考虑到这一点，本章设计时频联合稀疏估计算法来提高多频带水声信道估计性能。

由于多频带声场传播差异，不同频带间的信道往往存在不同位置多径，而经典 JSM2 模型将不同位置的差异多径直接作为噪声处理，从而导致性能损失。针对这个问题，将多路径搜索方案应用于时频联合稀疏的高效恢复中进行多频带信道估计算法的推导。

仿真实验和海试实验表明，对多频带水声信道中这种时频联合稀疏性的利用有效提高了信道估计性能，并进一步可通过构造信道估计均衡器获得多频带水声通信性能的提升，从而为利用水声信道中不同域存在的稀疏特性来改善水声系统性能提供了新的思路。

参 考 文 献

[1]　Carrascosa P C，Stojanovic M. Adaptive channel estimation and data detection for underwater acoustic MIMO-OFDM systems[J]. IEEE Journal of Oceanic Engineering，2010，35（3）：635-646.

[2] Tao J, Zheng Y R, Xiao C, et al. Robust MIMO underwater acoustic communications using turbo block decision-feedback equalization[J]. IEEE Journal of Oceanic Engineering, 2010, 35 (4): 948-960.

[3] 武岩波, 朱敏, 朱维庆, 等. 接近非相干水声通信信道容量的信号处理算法[J]. 声学学报, 2015, 40 (1): 117-123.

[4] Singer A C, Nelson J K, Kozat S S. Signal processing for underwater acoustic communications[J]. IEEE Communications Magazine, 2009, 47 (1): 90-96.

[5] 贾艳云, 赵航芳. 双扩展信道中的时延多普勒匹配滤波[J]. 应用声学, 2012, 31 (1): 66-74.

[6] 王玥. 改进的多输入多输出正交频分复用水声通信判决反馈信道估计算法[J]. 声学学报, 2016, 41 (1): 94-104.

[7] 台玉朋, 王海斌, 杨晓霞, 等. 一种适用于深海远程水声通信的 LT-Turbo 均衡方法[J]. 中国科学: 物理学 力学 天文学, 2016, 46 (9): 094313.

[8] 周跃海, 伍飞云, 童峰. 水声多输入多输出信道的分布式压缩感知估计[J]. 声学学报, 2015, 40 (4): 519-528.

[9] Roy S, Duman T M, McDonald V, et al. High-rate communication for underwater acoustic channels using multiple transmitters and space-time coding: Receiver structures and experimental results[J]. IEEE Journal of Oceanic Engineering, 2007, 32 (3): 663-688.

[10] Song A, Badiey M. Time reversal multiple-input/multiple-output acoustic communication enhanced by parallel interference cancellation[J]. The Journal of the Acoustical Society of America, 2012, 131 (1): 281-291.

[11] Akyildiz I F, Pompili D, Melodia T. Underwater acoustic sensor networks: Research challenges[J]. Ad Hoc Networks, 2005, 3 (3): 257-279.

[12] Chitre M, Shahabudeen S, Stojanovic M. Underwater acoustic communications and networking: Recent advances and future challenges[J]. Marine Technology Society Journal, 2008, 42 (1): 103-116.

[13] 周跃海, 曹秀岭, 陈东升, 等. 长时延扩展水声信道的联合稀疏恢复估计[J]. 通信学报, 2016, 37 (2): 166-173.

[14] Stojanovic M. Efficient processing of acoustic signals for high-rate information transmission over sparse underwater channels[J]. Physical Communication, 2008, 1 (2): 146-161.

[15] 伍飞云, 童峰. 块稀疏水声信道的改进压缩感知估计[J]. 声学学报, 2017, 42 (1): 29-38.

[16] van Walree P A, Leus G. Robust underwater telemetry with adaptive turbo multiband equalization[J]. IEEE Journal of Oceanic Engineering, 2009, 34 (4): 645-655.

[17] Leus G, van Walree P A. Multiband OFDM for covert acoustic communications[J]. IEEE Journal on Selected Areas in Communications, 2008, 26 (9): 1662-1673.

[18] Kwon S, Wang J, Shim B. Multipath matching pursuit[J]. IEEE Transactions on Information Theory, 2014, 60 (5): 2986-3001.

[19] Shim B, Kwon S, Song B. Sparse detection with integer constraint using multipath matching pursuit[J]. IEEE Communications Letters, 2014, 18 (10): 1851-1854.

[20] Sturm B L, Christensen M G. Comparison of orthogonal matching pursuit implementations[C]. 2012 Proceedings of the 20th European Signal Processing Conference (EUSIPCO), Bucharest, 2012: 220-224.

[21] Blumensath T, Davies M E. Gradient pursuits[J]. IEEE Transactions on Signal Processing, 2008, 56 (6): 2370-2382.

[22] Huang J, Zhou S, Willett P. Nonbinary LDPC coding for multicarrier underwater acoustic communication[J]. IEEE Journal on Selected Areas in Communications, 2008, 26 (9): 1684-1696.

第11章 时变水声信道的动态压缩感知估计

随着海洋资源开发，海洋组网通信等领域对信息获取与传输的需求迅速增加，水声通信技术[1,2]在海洋高科技领域的重要性日益凸显。与传统的无线信道相比，水声信道多径干扰强烈、信道响应稳定性差，具有典型的时-空-频域非平稳特性[3,4]，水声信道的随机复杂特性给水声通信带来了极大的困难和挑战。研究表明，利用水声信道的稀疏特性在压缩感知框架下进行信道估计可以改善通信性能，同时能够减少因噪声所引起的干扰[5,6]。目前被广泛采用的稀疏信道估计算法包括凸松弛算法、贪婪算法和迭代阈值算法等[7]。

压缩感知（CS）理论[8]自诞生以来，已成为计算机科学、电子信息工程和信号处理等领域[7]热门的技术之一。现有的压缩感知重建算法研究的是静态稀疏信号的重构问题[9]，即信号中非零元素的坐标和幅值，以及测量矩阵不随时间的变化而变化。然而，在实际的水声信道估计中，稀疏的水声信道不是固定不变的，常呈现一种动态特性，信道冲激响应的幅值和时延具有时变性[1]。因此，在压缩感知的框架下，其支撑集及测量矩阵随时间动态变化。同时，对于动态问题的现有解决方法是把整个时间序列信号当成单一的时空信号，通过压缩感知方法进行重建[10]。但由于需要获取完整的观测序列信号，难以实现实时的信道估计，还会带来非常高的计算复杂度[11]。

另一种简单的信道估计方法是通过经典信道估计算法（如LS算法[12]）获取信道抽头系数，并设定阈值直接将小的抽头值设置为零。然而，在水声时变信道下，难以准确地设定非零抽头的阈值[13]。贪婪算法中比较典型的有MP算法[14]和OMP算法[15]，Li等[16]将该算法引入水声信道估计。实际上MP算法和OMP算法的区别在于：OMP算法在MP算法迭代的基础上，将信号的正交分量投影到原子集合中[17]。该投影步骤能使算法避免冗余选择原子集。然而贪婪算法策略实际上不是全局最优[15]。本章将OMP算法和最小二乘QR分解（least square QR-factorization，LSQR）算法作为经典算法，在后续部分用以和本章提出的算法进行对比。

时延多普勒双扩展函数能够将时域上的时变稀疏结构转换到更为稳定的时延多普勒域中进行表示[16]。通过建立二维时延多普勒模型，OMP算法[16]和二步法[18]等一些信道估计的算法便可以用于水声信道二维时延多普勒双扩展函数的估计，提高快速时变信道的估计性能。文献[18]中利用二步法，首先设计多普勒线的频域滤波器，并基于多普勒线，采用改进的递归最小二乘算法进行信道的时频域跟踪。但是，这种类型的信道估计算法是在所有的多径都具有相当大的时变特性的假设下得出的，要在极大的二维搜索空间上得到稀疏解，将产生巨大的计算复杂度。实际上，除了由变化的海面所引起的具有高时变性的多径，还存在着相对静止、缓慢变化的直达径或者海底径。这意味着对于具有不同时变程度的稀疏分量，需要采用不同的信道估计方法来进行处理。

动态压缩感知（dynamic compressed sensing，DYCS）由视频信号处理问题引出，是压缩感知理论研究领域中新兴起的一个研究分支，旨在处理信号支撑集随时间发生变化的时变稀疏信号[11]，已被成功地应用到语音信号处理、动态核磁共振成像、动态目标探测等研究领域[19, 20]。然而，对于时变水声通信信道的动态压缩感知估计的研究仍然很有限[19]。

Vaswani 于 2008 年提出了一种基于卡尔曼滤波器的压缩感知（Kalman filtered compressed sensing，KF-CS）[11]算法，该算法以一种支撑集缓慢变化的线性动态系统模型来描述时变稀疏信号的感知测量。其主要思想是采用卡尔曼滤波[19]初步预测当前时刻稀疏状态向量，当获取卡尔曼滤波误差超出设定的门限值、支撑集发生变化时，采用压缩感知方法对卡尔曼滤波的误差进行稀疏恢复，估计支撑集的变化值。在文献[11]中，采用 Dantzig 选择器（Dantzig selector，DS）[21-23]模型进行支撑集的变化值估计。而对于 DS 模型的求解，最直接的方法就是通过线性规划（linear programming，LP）求解[21]。但是求解线性规划问题需要很高的时间复杂度[24]，严重制约了该方法的实际应用，而且通过求解线性规划的方法只能处理实数域数据[11]。

在动态压缩感知理论成功应用的启发下，本章研究基于 KF-CS 的时变水声信道估计方法。不同于 Wakin 等[10]利用线性规划的方法求解 DS 模型，为了解决复数域的凸优化问题，本章采用原始对偶追踪（primal dual pursuit，PD-Pursuit）算法[25]对 DS 模型进行求解。最后，为了评估和比较算法性能，本章基于 KF-CS 信道估计算法，设计了基于信道估计的判决反馈均衡器（channel-estimation-based decision-feedback equalizer，CE-DFE）[26]，对水声信道估计的效果进行评估。

本章把时变的水声信道估计转化为动态压缩感知问题，针对长时延和快速时变的水声信道设计了动态压缩感知算法。11.3 节和 11.4 节通过仿真实验与海试实验，将本章算法与传统 OMP 算法和 LSQR 算法进行性能比较。结果表明，利用动态压缩感知理论的 KF-CS 算法可提高信道估计精度，改善水声通信系统的通信性能。

本章中用到的符号和标记说明：角标 $*$、T、H 分别代表求共轭、转置和埃尔米特转置；$\mathbf{1}_{m \times n}$ 和 $\mathbf{0}_{m \times n}$ 分别代表大小为 $m \times n$ 的全 1 和全 0 的矩阵；符号 $\|a\|$ 代表对向量 a 求欧氏范数；$\|a\|_1$ 表示对向量 a 求 l_1 范数，即对向量 a 各元素的绝对值求和；$\|a\|_0$ 表示对向量 a 求 l_0 范数，即对向量 a 各非零元素的个数求和；符号 $A^{\dagger}$ 表示对矩阵 A 求伪逆。

11.1　系 统 模 型

11.1.1　水声通信系统模型

水声通信系统中，信号离散的输入输出关系可以表示为[5]

$$y[i] = \sum_{j=0}^{N-1} s^*[i-j]h[i,j] + w[i], \quad i = 0,1,\cdots,M-1 \tag{11.1}$$

式中，$s[i]$、$y[i]$、$w[i]$分别表示在 i 时刻离散的发送信号、接收信号以及加性噪声；$h[i,j]$表示 i 时刻、时延为 j 的水声信道冲激响应；N 是最大时延采样维度，也称为信道长度；M 是观测窗口长度，假设在观测窗口 M 长度内信道函数不变。

定义由发送信号组成的 $M \times N$ 的特普利茨矩阵 A 为测量矩阵，具体构成为

$$A = \begin{bmatrix} s[0] & s[-1] & \cdots & s[-N+1] \\ s[1] & s[0] & \cdots & s[-N+2] \\ \vdots & \vdots & & \vdots \\ s[M-1] & s[M-2] & \cdots & s[M-N] \end{bmatrix} \tag{11.2}$$

在 i 时刻的输入输出关系可以用表达式表示为

$$y = Ah + w \tag{11.3}$$

式中，w 是 $M \times 1$ 的白噪声。当 $M<N$ 时，式（11.3）变成一个欠定问题，$M \ll N$ 会导致水声信道估计问题有无数个解。研究发现，结合信道冲激响应中的稀疏度，可以把式（11.3）在 $M \ll N$ 下转化为压缩感知问题。对给定的测量矩阵能否成功恢复稀疏信号，一个重要判断标准是看其是否满足约束等距特性（RIP）。按照压缩感知理论[27]，测量矩阵 A 应满足 RIP 条件，具体表示为

$$(1-\delta_{2\kappa})\|h\|_2^2 \leqslant \|Ah\|_2^2 \leqslant (1+\delta_{2\kappa})\|h\|_2^2 \tag{11.4}$$

式中，$\|h\|$ 是信道冲激响应函数的欧氏范数。如果 $\delta_\kappa \ll 1$，测量矩阵 A 有很大概率重构稀疏度为 $\frac{\kappa}{2}$ 的信号 h [8]，而信号 h 的稀疏度 $\frac{\kappa}{2}$ 是指信号 h 最多有 $\frac{\kappa}{2}$ 个非零抽头值。

11.1.2　信道估计算法性能评估

本节介绍本章仿真和实验部分将采用的若干算法评价指标，包括信道恢复信噪比（ρ_{CR}）、误比特率（BER）、均衡器输出信噪比（ρ_{EO}）。

在仿真中已知稀疏水声信道各抽头系数，因此对于信道估计的各个算法，可以采用信道恢复信噪比来评估各算法的性能，单位为分贝（dB），定义为

$$\rho_{CR} = 10 \cdot \log_{10} \frac{\|\boldsymbol{h}\|_2^2}{\|\boldsymbol{h} - \tilde{\boldsymbol{h}}\|_2^2} \tag{11.5}$$

式中，$\tilde{\boldsymbol{h}}$ 是估计的稀疏水声信道。

在实际海试实验中，精确的信道信息无法直接获得。在此情形下，为了进一步评价各算法的信道估计质量，本章采用基于信道估计的 CE-DFE[26] 来恢复发送信号。同时，基于估计的发送信号，均衡器输出信噪比定义为

$$\rho_{EO} = 10 \cdot \log_{10} \frac{\|\boldsymbol{s}\|_2^2}{\|\boldsymbol{s} - \tilde{\boldsymbol{s}}\|_2^2} \tag{11.6}$$

式中，向量 $\boldsymbol{s}$ 是用于构造测量矩阵的发送信号；$\tilde{\boldsymbol{s}}$ 是 CE-DFE 的输出信号，即均衡器中的判决器输入信号。而 BER 定义为传输中的误比特数除以所传输的总比特数再乘以 100%。

本章算法的信道恢复信噪比将用于仿真信道，BER、均衡器输出信噪比用于实验数据分析。

11.2　卡尔曼滤波器的压缩感知

KF-CS[11, 19, 20] 信道估计算法的大致过程如下。

在 t 时刻的水声接收信号可以表示为

$$\boldsymbol{y}_t = \boldsymbol{A}\boldsymbol{h}_t + \boldsymbol{w}_t, \quad \boldsymbol{w}_t \sim \text{CN}(0, \sigma_{obs}^2 \boldsymbol{I}) \tag{11.7}$$

式中，$\boldsymbol{y}_t$、$\boldsymbol{h}_t$、$\boldsymbol{w}_t$ 为 t 时刻接收信号、稀疏信道冲激响应以及加性噪声；$\boldsymbol{A}$ 是测量矩阵；系统观测噪声服从复高斯分布 $\boldsymbol{w}_t \sim \text{CN}(0, \sigma_{obs}^2 \boldsymbol{I})$，系统观测噪声 $\boldsymbol{w}_t$ 的方差为 σ_{obs}^2。压缩感知致力于从一个非自适应、不充分的线性测量信号中恢复稀疏信号 $\boldsymbol{h}_t$。记 $\hat{\boldsymbol{h}}_{t|t-1}$、$\hat{\boldsymbol{h}}_t$、$\boldsymbol{P}_{t|t-1}$、$\boldsymbol{P}_t$ 和 K_t 分别为 t 时刻的预测状态估计向量和测量更新状态估计向量、预测误差协方差向量和测量更新误差协方差向量以及卡尔曼增益。N_t 表示稀疏向量 $\boldsymbol{h}_t$ 的支撑集，$T_t = \hat{N}_t$ 为 N_t 估计值。同时，Δ_t 表示 t 时刻未被估计出的非零集，即 $\Delta_t = N_t \setminus T_{t-1}$；$\tilde{\Delta}_t$ 为 Δ_t 估计值。

当前稀疏向量为 $\boldsymbol{h}_t$，假设支撑集 N_t 随时间缓慢变化，而其余的支撑集保持恒定，则 $\boldsymbol{h}_0 = 0, \boldsymbol{h}_t = \boldsymbol{h}_{t-1} + \boldsymbol{v}_t$，其中系统过程噪声服从复高斯分布 $\boldsymbol{v}_t \sim \text{CN}(0, \boldsymbol{Q}_t)$，系统过程噪声 $\boldsymbol{v}_t$ 的协方差矩阵 $\boldsymbol{Q}_t = \sigma_{sys}^2 \boldsymbol{I}_{N_t}$，方差为 σ_{sys}^2。对于变化的支撑集分量，利用 CS 对卡尔曼滤波误差 $\tilde{\boldsymbol{y}}_{t,res}$ 进行估计。

1. KF 预测

首先通过 KF 初步预测当前时刻稀疏状态向量 $\hat{h}_{t,\mathrm{tmp}}$。其中，系统过程噪声 $\hat{v}_t$ 的协方差矩阵记为 $\hat{Q}_t = \sigma_{\mathrm{sys}}^2 I_{T_t}$。

$$\begin{cases} K_{t,\mathrm{tmp}} = (P_{t-1} + \hat{Q}_t)A^{\mathrm{T}}(A(P_{t-1} + \hat{Q}_t)A^{\mathrm{T}} + \sigma_{\mathrm{obs}}^2 I)^{-1} \\ \hat{h}_{t,\mathrm{tmp}} = (I - K_{t,\mathrm{tmp}}A)\hat{h}_{t-1} + K_{t,\mathrm{tmp}}y_t \end{cases} \tag{11.8}$$

2. 运用 CS 方法对变化支撑集进行检测和估计

令 $T = T_{t-1}$，则 KF 滤波误差为

$$\tilde{y}_{t,\mathrm{res}} = y_t - A\hat{h}_{t,\mathrm{tmp}} = A_{\Delta_t}(h_t)_{\Delta_t} + AT(h_t - \hat{h}_t)_T + w_t \tag{11.9}$$

为了进一步提高估计的性能，对卡尔曼滤波残余误差进行 CS 估计。而目前 DCS 的研究[9]一般采用 DS 去检测稀疏信道中的非零元素：

$$\begin{cases} \tilde{y}_{t,\mathrm{res}} = A\beta_t + w_t \\ \hat{\beta}_t = \arg\min_{\beta} \|\beta\|_1 \\ \mathrm{s.t.}\,\|A^{\mathrm{T}}(\tilde{y}_{t,\mathrm{res}} - A\beta)\|_\infty \leqslant \lambda_m \sigma_{\mathrm{obs}} \\ \tilde{\Delta}_t = \{i \in T_{t-1}^c : \hat{\beta}_{t,i}^2 > \alpha_a\} \end{cases} \tag{11.10}$$

式中，$\lambda_m = \sqrt{2\log_{10} m}$；$\beta_t = [(h_t - h_t),(h_t)_{\Delta_t}, 0_{(T\cup\Delta_t)^c}]$ 和 α_a 为新添加支撑集分量门限值。因此，在时刻 t，估计所得的支撑集为 $T_t = T\cup\hat{\Delta}_t = T_{t-1}\cup\hat{\Delta}_t$。

对于 DS 模型的求解，最直接的方法就是通过线性规划求解。但是求解线性规划问题需要很高的时间复杂度[24]，而且，通过求解线性规划的方法只能处理实数域数据[11]。目前涉及复数域的 DS 模型求解方法包括顺序优化的 Dantzig 选择器（Dantzig selector with sequential optimization，DASSO）算法、PD-Pursuit 算法、交替方向乘子算法（alternation direction method of multipliers，ADMM）等[24, 28, 29]。然而，相比于 DASSO 算法，PD-Pursuit 算法能够直接计算出迭代过程的前进方向；同时，ADMM 的收敛性分析是在子问题精确求解的前提下给出的，对于复杂的子问题，精确求解是十分困难的[28]。因此，本章采用 PD-Pursuit 算法求解 DS 模型，从而实现对 QPSK 信号的复数域处理。

PD-Pursuit 算法是一种非常有效的 DS 模型求解方法，它通过两次寻求迭代前进方向和大小，逐渐寻找满足迭代停止条件前的最优解[25]。PD-Pursuit 算法主要可以分成两个部分：原始更新和对偶更新。在 DS 模型中，原始问题为

$$\begin{cases} \min_{\beta} \|\beta\|_1 \\ \mathrm{s.t.}\,\|A^{\mathrm{T}}(\tilde{y}_{t,\mathrm{res}} - A\beta)\|_\infty < \varepsilon \end{cases} \tag{11.11}$$

原始问题的对偶形式为

$$
\begin{cases}
\underset{\lambda}{\arg\max} \ -\left(\varepsilon\|\lambda\|_1 + \langle \lambda, A^{\mathrm{T}} \tilde{y}_{t,\mathrm{res}} \rangle\right) \\
\text{s.t.} \|A^{\mathrm{T}} A \lambda\|_\infty \leqslant 1
\end{cases}
\tag{11.12}
$$

式中，$\lambda \in \mathbf{R}^n$ 是对偶向量。在原始更新部分，通过更新原始向量和原始约束，给出对偶向量的支持集和符号。而在对偶更新部分，则通过更新对偶向量和对偶约束，给出原始向量的支持集和符号，用于下一次迭代的原始更新部分。每一步迭代依次更新原始变量和对偶变量直到到达所求解点。在每一步的计算中，只需要几个矩阵向量乘法，显著减小了运算的时间复杂度[25]。

3. KF 更新

初始化 $P_0 = 0_{[1:m],[1:m]}$，$\hat{h}_0 = 0_{[1:m]}$，$\hat{Q}_t = \sigma_{\mathrm{sys}}^2 I_{T_t}$，再次运行 KF，获得当前时刻时变稀疏信号的估计值 $\hat{h}_t$。

$$
\begin{cases}
P_{t|t-1} = (P_{t-1} + \hat{Q}_t) \\
K_t = P_{t|t-1} A^{\mathrm{T}} (A P_{t|t-1} A^{\mathrm{T}} + \sigma_{\mathrm{obs}}^2 I)^{-1} \\
P_t = (I - K_t A) P_{t|t-1} \\
\hat{h}_t = (I - K_t A)\hat{h}_{t-1} + K_t y_t
\end{cases}
\tag{11.13}
$$

4. 删除运算

由 DS 估计产生的误差将导致错误删除或增加支撑集中的元素，因此，通过改变参数减小这种误差。算法 11.1 给出了 KF-CS 算法的过程。

算法 11.1　KF-CS 算法

初始化 $\hat{h}_0, P_0, T_0$

---
1. KF 预测

　　通过 KF 初步预测当前时刻稀疏状态向量 $\hat{h}_{t,\mathrm{tmp}}$

2. 运用 CS 方法对变化支撑集进行检测和估计

　　$\mathrm{FEN} = \tilde{y}_{t,\mathrm{res}}^{\mathrm{T}} \sum_{fe,t}^{-1} \tilde{y}_{t,\mathrm{res}}$，其中 $\tilde{y}_{t,\mathrm{res}} = y_t - A\hat{h}_{t,\mathrm{tmp}}$。

　　当卡尔曼滤波残余误差大于给定的门限值，采用 PD-Pursuit 算法求解 DS 模型，进行 CS 估计。

　　原始问题的对偶形式为：$\underset{\lambda}{\arg\max} \ -(\varepsilon\|\lambda\|_1 + \langle \lambda, A^{\mathrm{T}}\tilde{y}_{t,\mathrm{res}} \rangle), \text{s.t.} \|A^{\mathrm{T}}A\lambda\|_\infty \leqslant 1$。

　　估计所得的支撑集为：$T_t = T_{t-1} \cup \hat{A}_t$。

3. KF 更新

　　再次运行 KF，获得当前时刻时变稀疏信号的估计值 $\hat{h}_t$。

4. 删除运算

5. 输出

　　恢复稀疏信道 h。

11.3　仿　真　实　验

为验证本章算法的有效性，本节采用 BELLHOP 模型进行浅海水声信道仿真构建[29]。仿真信道模型中，设置一个发射源和一个接收端，深度分别为 3m、5m，水平距离 500m，仿真水域深度 10m，声速恒定为 1500m/s。

表 11.1 给出了 BELLHOP 仿真时变多径水声信道。从表 11.1 可以看出，多径 2 和多径 4 为海面反射所造成的多径。为了仿真由起伏的海面所造成的水声信道时变性，本章对两个海面反射径，即多径 2 和多径 4 叠加不同的幅值，使得相应的幅值呈正弦变化；而另外 4 个多径保持不变。图 11.1 为产生的仿真时变信道冲激响应图。

表 11.1　BELLHOP[30]仿真时变多径水声信道

多径	特性	时延/ms	幅值
1	直达径	6.7	$0.18 - 0.98j$
2	海面反射径	8.5	$0.67 + 0.36j$
3	直达径	10.5	$-0.22 - 0.19j$
4	海面反射径	13.8	$0.12 + 0.16j$
5	海底反射径	16.0	$0.04 + 0.15j$
6	海底反射径	19.8	$0.09 + 0.11j$

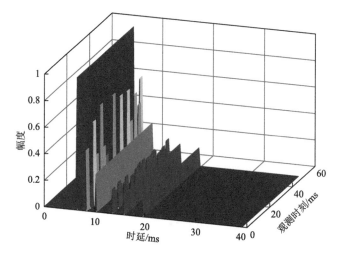

图 11.1　仿真时变信道冲激响应图

　　系统发射信号采用 QPSK 调制，符号速率为 4kbit/s；实验中叠加高斯白噪声作为背景噪声，将信噪比设置为 30dB 测试各算法的性能。信道估计器的阶数 $n=157$，观测窗口长度 $M=100$，稀疏度 $\kappa=6$，即为仿真信道的实际多径数。由于 LSQR 算法的估计误差，在大量非零抽头处产生估计噪声，并通过设置阈值把小的非零抽头系数置为零；OMP 和 KF-CS 算法也采用相同方法设置非零抽头系数，求解信道的稀疏解。

　　图 11.2 给出了各算法的信道恢复信噪比（ρ_{CR}）。LSQR、OMP 和 KF-CS 算法的平均信道恢复信噪比分别为 7.6534dB、39.3186dB、42.5442dB。从图 11.2 可以看出，本章 KF-CS 算法信道估计的性能优于经典的信道估计算法，即 LSQR 算法和 OMP 算法。特别地，相比于 LSQR 算法，由于 OMP 和 KF-CS 算法利用了水声信道稀疏的特点，OMP 和 KF-CS 算法的平均信道恢复信噪比高于 LSQR 算法 30dB 以上。

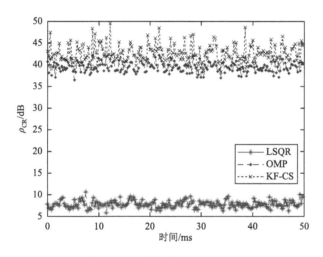

图 11.2　信道恢复信噪比 ρ_{CR}

11.4　海试实验

　　误码率是衡量水声通信性能的重要指标[31]，而对水声信道冲激响应函数的估计则是为下一步均衡器做准备，水声信道估计的精准程度直接关系到均衡器的表现性能。本节旨在测试各算法在真实海试数据中的性能，考虑到真实水声信道无法精确获知，因此本节采用基于信道估计的判决反馈均衡器[26]来衡量各算法对信道估计的性能，并结合实际海上数据实验对各算法进行评估。

　　采用 CE-DFE 来恢复发送端的数据 s，CE-DFE 的工作过程可以表示为[26]

$$\tilde{s} = \boldsymbol{g}_{\mathrm{ff}}\boldsymbol{y} + \boldsymbol{g}_{\mathrm{fb}}\overline{\boldsymbol{s}} \tag{11.14}$$

判决输出为

$$\overline{\boldsymbol{s}} = (2\times\mathrm{sgn}(\mathrm{real}(\tilde{s})) - 1) + \mathrm{i}\cdot(2\times\mathrm{sgn}(\mathrm{imag}(\tilde{s})) - 1) \tag{11.15}$$

在式（11.14）和式（11.15）中，$\tilde{s}$ 和 $\overline{s}$ 分别表示估计的符号以及判决器的输出值。前向滤波器 $\boldsymbol{g}_{\mathrm{ff}}$ 和后向滤波器 $\boldsymbol{g}_{\mathrm{fb}}$ 则分别按照如下公式计算：

$$\boldsymbol{g}_{\mathrm{ff}} = \frac{\boldsymbol{h}_0}{\boldsymbol{h}_0\boldsymbol{h}_0^{\mathrm{H}} + \sigma_n^2\boldsymbol{I} + \boldsymbol{H}_0\boldsymbol{H}_0^{\mathrm{H}}} \tag{11.16}$$

式中

$$\sigma_n^2 = \|\boldsymbol{y} - \boldsymbol{A}\tilde{\boldsymbol{h}}\|_2^2 \tag{11.17}$$
$$\boldsymbol{g}_{\mathrm{fb}} = -\boldsymbol{H}_{\mathrm{fb}}\boldsymbol{g}_{\mathrm{ff}}$$

其中，$\boldsymbol{H}_0$、$\boldsymbol{h}_0$ 和 $\boldsymbol{H}_{\mathrm{fb}}$ 可以由卷积矩阵 $\boldsymbol{H}$ 获得，$\boldsymbol{H}$ 由估计的信道冲激响应函数组成：

$$\boldsymbol{H} = \begin{bmatrix} h[0] & \cdots & h[N-1] & \cdots & 0 \\ 0 & \cdots & h[N-1] & \cdots & 0 \\ \vdots & & \vdots & & \vdots \\ 0 & \cdots & h[0] & \cdots & h[N-1] \end{bmatrix}$$
$$= [\boldsymbol{H}_0 \mid \boldsymbol{h}_0 \mid \boldsymbol{H}_{\mathrm{fb}}] \tag{11.18}$$

11.4.1　实验设置

本节在厦门某海域进行了海试实验，实验海域水深约 12m。实验水声通信系统采用 1 发 4 收，发射源位于水下 4m，由四个接收换能器组成的垂直接收阵的阵元间距为 1.5m，最上端接收阵元距水面 2m，发射点和接收点的水平距离为 1km，实验收发设置如图 11.3 所示。海试实验中，通信系统的采样率为 96ks/s，信号采用 QPSK 调制，符号速率为 4kbit/s，载波中心频率为 16kHz，带宽为 13～18kHz，调制信号未采用信道编码。实验中原始接收信号的信噪比为 14dB，多普勒频移为 2Hz。

图 11.4 给出了 LSQR、OMP 和 KF-CS 算法获得的海试实验系统通道 3 的时变信道冲激响应图。从图 11.4（a）～（c）可以看出，多径结构中存在较为明显的时变多径，表现为一个能量较为集中的簇多径以及一个快速时变多径。对比图 11.4（a）～（c）可知，相比于 LSQR 和 OMP 算法，对于在时延约为 7ms 处存在的快速时变多径，本章所采用的 KF-CS 算法能更精细地获取时变多径分量的细节信息，对水声信道的时变稀疏结构有更好的估计效果。

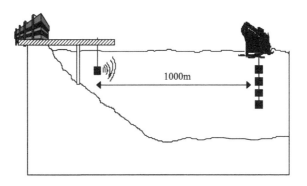

图 11.3　水声通信海试实验设置

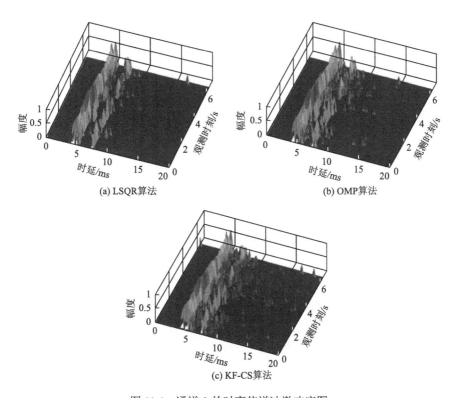

图 11.4　通道 3 的时变信道冲激响应图

11.4.2　海试实验结果与分析

　　本节将 KF-CS 算法与其他两种经典算法（LSQR 算法、OMP 算法）进行对比。考虑到真实环境中水声信道冲激响应函数无法精确获取，本章采用 CE-DFE 评价各算法的性能，以及采用 11.1 节介绍的 ρ_{EO}、BER、星座图参数作为评价指标。

采用周期性序列训练策略，每个数据模块包含 300 个已知训练序列和 900 个未知、待估计的信号序列，QPSK 信号帧格式如图 11.5 所示。水声信道阶数设置为：信道估计器的阶数 $n = 80$；矩阵行数 $m = 160$；算法终止阈值 $\sigma_{\text{th}} = 0.4$。采用 4 通道 CE-DFE 进行信道估计及判决反馈均衡，再将估计出的发送信号输入信道估计器作为训练信号进行下一次循环。CE-DFE 均衡器前馈和反馈滤波器长度分别设置为 160 个和 79 个抽头。以上这些参数的设置均是以各算法性能达到最优为准则。

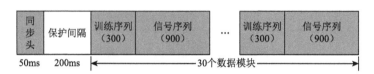

图 11.5　QPSK 信号帧格式

图 11.6 所示为基于不同信道估计器下的均衡器输出误码率。从图 11.6 中可以看出，LSQR 平均误码率为较高的 4.8406%，相比之下，KF-CS 算法结合了信道时变和稀疏的特点，误码率达到最低，各算法平均误码率如表 11.2 所示。从表 11.2 可以看出，OMP 算法利用了信道稀疏的特点，使得误码率比 LSQR 算法低，达到 1.1532%，而本章 KF-CS 算法较传统算法性能更优，达到 BER 的最低值 1.0166%。

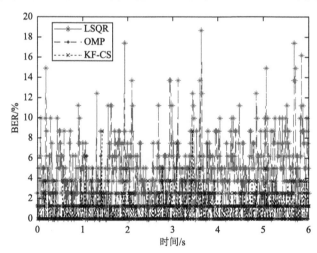

图 11.6　不同信道估计算法下对应的 CE-DFE 输出的 BER 结果图（彩图附书后）

图 11.7 所示为基于 LSQR、OMP 和 KF-CS 信道估计器下的均衡器输出残余预测误差。结合表 11.2 给出的平均值可以看出，LSQR 算法得到的 ρ_{EO} 最低，为 6.1114dB，相比之下 OMP 算法因采用了信道稀疏的特点，得到的 ρ_{EO} 比 LSQR 高，为 9.2444dB。而 KF-CS 算法结合了信道时变和稀疏的特点，使之较传统算法性能更优，达到 10.0644dB。

表 11.2 各算法的 BER 和 ρ_{EO} 值

算法	BER/%	ρ_{EO} /dB
LSQR	4.8406	6.1114
OMP	1.1532	9.2444
KF-CS	1.0166	10.0644

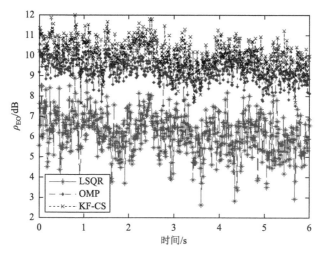

图 11.7 不同信道估计算法下对应的 CE-DFE 输出的残余预测误差图（彩图附书后）

基于各算法得到的星座图如图 11.8 所示。从图 11.8 中可以看出，LSQR 算法所获得的星座图最差，4 个象限出现混叠现象；采用 OMP 算法所获得的星座图比 LSQR 算法所获得的星座图区分度有所改善；而基于 KF-CS 算法得到的星座图较其他两种传统算法得到的更加紧凑，表明其估计性能效果更好。不同信道估计算法所获得的星座图结果与仿真结果一致，进一步表明本章算法的有效性。

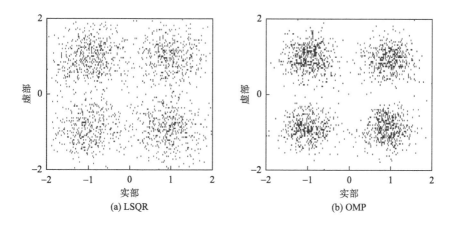

(a) LSQR

(b) OMP

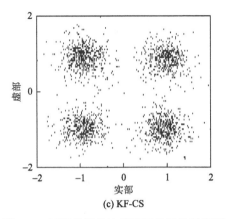

(c) KF-CS

图 11.8　不同信道估计算法下对应的星座图

11.5　小　　结

　　为了充分利用水声信道的时变稀疏性，本章研究了时变稀疏水声信道的信道估计算法。通过建模具有静态和时变稀疏支撑集的时变水声信道，并基于动态压缩感知框架对水声信道进行信道估计。该算法首先采用卡尔曼滤波初步预测当前时刻稀疏状态向量，然后对卡尔曼滤波的误差进行稀疏恢复，估计时变信道产生的支撑集的变化。同时，本章采用原始对偶追踪算法求解复数域的 KF-CS 稀疏解问题。本章对三种算法进行信道时变条件下的仿真实验和海试实验，并结合 CE-DFE 的输出结果分别用 BER、ρ_{EO} 和星座图作为性能评价指标，结果表明，与 OMP 和 LSQR 传统算法相比，本章 KF-CS 算法在动态压缩感知框架下可获得更加优越的时变稀疏信道估计性能。

参 考 文 献

[1] Akyildiz I F, Pompili D, Melodia T. Underwater acoustic sensor networks: Research challenges[J]. Ad Hoc Networks, 2005, 3（3）: 257-279.

[2] 童峰, 许肖梅, 方世良, 等. 改进支持向量机和常数模算法水声信道盲均衡[J]. 声学学报, 2012,（2）: 143-150.

[3] Chitre M, Shahabudeen S, Stojanovic M. Underwater acoustic communications and networking: Recent advances and future challenges[J]. Marine Technology Society Journal, 2008, 42（1）: 103-116.

[4] 周跃海, 曹秀岭, 陈东升, 等. 长时延扩展水声信道的联合稀疏恢复估计[J]. 通信学报, 2016, 37（2）: 165-172.

[5] Stojanovic M. Efficient processing of acoustic signals for high-rate information transmission over sparse underwater channels[J]. Physical Communication, 2008, 1（2）: 146-161.

[6] 伍飞云, 童峰. 块稀疏水声信道的改进压缩感知估计[J]. 声学学报, 2017,（1）: 29-38.

[7] 赵玉娟. 压缩感知和矩阵填充及其在信号处理中应用的研究[D]. 南京: 南京邮电大学, 2015.

[8] Eldar Y, Kutyniok G. Compressed Sensing: Theory and Applications[M]. Cambridge: Cambridge University Press, 2012.

[9] Donoho D L, Elad M, Temlyakov V N. Stable recovery of sparse overcomplete representations in the presence of

noise[J]. IEEE Transactions on Information Theory，2005，52（1）：6-18.

[10] Wakin M B，Laska J N，Duarte M F，et al. An architecture for compressive imaging[C]. 2006 International Conference on Image Processing，Atlanta，2006：1273-1276.

[11] Vaswani N. Kalman filtered compressed sensing[C]. 15th IEEE International Conference on Image Processing，San Diego，2008：893-896.

[12] Cotter S F，Rao B D. Sparse channel estimation via matching pursuit with application to equalization[J]. IEEE Transactions on Communications，2002，50（3）：374-377.

[13] 伍飞云，周跃海，童峰. 引入梯度导引似 p 范数约束的稀疏信道估计算法[J]. 通信学报，2014，35（7）：172-177.

[14] Mallat S G，Zhang Z. Matching pursuits with time-frequency dictionaries[J]. IEEE Transactions on Signal Processing，1993，41（12）：3397-3415.

[15] Tropp J A，Gilbert A C. Signal recovery from random measurements via orthogonal matching pursuit[J]. IEEE Transactions on Information Theory，2007，53（12）：4655-4666.

[16] Li W，Preisig J C. Estimation of rapidly time-varying sparse channels[J]. IEEE Journal of Oceanic Engineering，2007，32（4）：927-939.

[17] Tropp J A. Greed is good：Algorithmic results for sparse approximation[J]. IEEE Transactions on Information Theory，2004，50（10）：2231-2242.

[18] Eggen T H，Baggeroer A B，Preisig J C. Communication over Doppler spread channels. Part I：Channel and receiver presentation[J]. IEEE Journal of Oceanic Engineering，2000，25（1）：62-71.

[19] 荆楠，毕卫红，胡正平，等. 动态压缩感知综述[J]. 自动化学报，2015，41（1）：22-37.

[20] Qiu C，Lu W，Vaswani N. Real-time dynamic MR image reconstruction using Kalman filtered compressed sensing[C]. International Conference on Acoustics，Speech and Signal Processing，Taibei，2009：393-396.

[21] Candes E，Tao T. The Dantzig selector：Statistical estimation when p is much larger than n[J]. The Annals of Statistics，2007，35（6）：2313-2351.

[22] Patel V M，Chellappa R. Sparse Representations and Compressive Sensing for Imaging and Vision[M]. New York：Springer，2013：63-84.

[23] 刘训利，龚勋，王国胤. 一种基于非残差估计线性表示模型的人脸识别[J]. 智能系统学报，2014，9（3）：285-291.

[24] Koltchinskii V. The Dantzig selector and sparsity oracle inequalities[J]. Bernoulli，2009，15（3）：799-828.

[25] Asif M S. Primal dual pursuit：A homotopy based algorithm for the Dantzig selector[D]. Atlanta：Georgia Institute of Technology，2008.

[26] Preisig J C. Performance analysis of adaptive equalization for coherent acoustic communications in the time-varying ocean environment[J]. The Journal of the Acoustical Society of America，2005，118（1）：263-278.

[27] Berger C R，Wang Z，Huang J，et al. Application of compressive sensing to sparse channel estimation[J]. IEEE Communications Magazine，2010，48（11）：164-174.

[28] James G M，Radchenko P，Lv J. DASSO：Connections between the Dantzig selector and lasso[J]. Journal of the Royal Statistical Society：Series B（Statistical Methodology），2009，71（1）：127-142.

[29] Frick K，Marnitz P，Munk A. Statistical multiresolution Dantzig estimation in imaging：Fundamental concepts and algorithmic framework[J]. Electronic Journal of Statistics，2012，6：231-268.

[30] Stamatiou K，Casari P，Zorzi M. The throughput of underwater networks：Analysis and validation using a ray tracing simulator[J]. IEEE Transactions on Wireless Communications，2013，12（3）：1108-1117.

[31] 蔡惠智，刘云涛，蔡慧，等. 第八讲水声通信及其研究进展[J]. 物理，2006，35（12）：1038-1043.

第12章　时反扩频水声通信研究

　　水声通信技术是当代海洋开发、海洋环境立体监测和海洋军事活动中的重要技术组成部分。而水声信道多径干扰强烈、信道响应稳定性差，具有典型的时-空-频变特性[1]，对高性能水声通信系统的设计带来很大困难。

　　低信噪比条件下水声通信具有发射功率低、隐蔽性好等特点，在长时间海洋环境监测、海洋权益维护等领域有广泛应用。直接序列扩频提供一种利用扩频增益在低信噪比条件下获得较好通信性能的有效手段。针对水声信道多径效应造成的接收信号幅度衰落、频率扩展和码间干扰等问题，rake 接收机、均衡器等技术被广泛研究，例如，曾立等[2]把 rake 接收机用于扩频水声通信系统，利用 rake 接收机抑制或消除多径干扰，提高系统的通信质量。但多径分量的准确定位通常需要较高的信噪比，在低信噪比条件下多径不能完全准确分离将导致 rake 接收机的性能下降。信道均衡可以减弱甚至消除宽带通信时多径时延带来的码间串扰，是直扩系统经常采用的抗信道衰落技术。彭琴等[3]利用扩频技术和信道均衡技术建立了水声调制解调系统，分析不同扩频增益下信道均衡的性能；和麟等[4]在相干通信系统中用自适应均衡技术来克服码间干扰。但是在低信噪比条件下，均衡器算法收敛性能下降，容易造成均衡器失效。

　　时反技术可以有效利用时间、空间聚焦作用抑制多径干扰，成为近年来研究的热点。陈东升等[5]在点对点的通信系统中利用被动时反联合均衡来抵抗干扰，提高通信性能；宫改云等[6]利用被动时反与自适应均衡相联合，在相位相干水下通信系统中，证明了此方法的可靠性与高效性；Song 等[7]在被动时反的基础上利用判决反馈均衡、锁相环技术在 MIMO 系统上实现了多用户的信息传输；Edelmann 等[8]在多径信道下利用时反技术有效地克服码间干扰。但在低信噪比条件下，用于获取信道信息的探针信号质量下降，导致经过时反器处理的信号含有较多噪声干扰，将影响时反系统的聚焦性能。综上，目前的时反技术研究多集中在较高信噪比条件下，而在低信噪比条件下的研究应用较少。

　　本章介绍低信噪比条件下结合多通道被动时反与卷积编码的扩频水声通信方案，该方法利用多通道被动时反技术实现空间增益和能量的聚焦，时反后的残余多径可通过扩频增益进行抑制，最后采用卷积编码进行纠错，进一步提高系统性能。海试结果表明，基于多通道被动时反联合卷积编码的系统不仅在实现上相对简单，而且性能稳健，在低信噪比和复杂多径信道中仍然可以保证通信系统的正常工作，提高通信质量。

12.1　多通道被动时反扩频水声通信技术原理

12.1.1　多通道时反

对于多通道时反系统，假设第 i 信道的冲激响应为 $h_i(t)$，满足随机性，*表示卷积运算。

设第 i 通道接收到信息码元为 $s_{ir}(t)$：

$$s_{ir}(t) = s(t) * h_i(t) + n_{is}(t) \tag{12.1}$$

式中，$n_{is}(t)$ 为叠加在信息信号上的干扰噪声。将接收到的码元信息 $s_{ir}(t)$ 经过时反预处理器 $p_{ir}(-t)$，即与 $p_{ir}(-t)$ 作卷积运算：

$$r_i'(t) = s_{ir}(t) * p_{ir}(-t) = s(t) * h_i(t) * h_i(-t) * p_i(-t) + n_{i1}(t) \tag{12.2}$$

式中，$n_{i1}(t)$ 为噪声干扰项；$h_i(t) * h_i(-t)$ 为时反信道[9]，近似于 $\delta(t)$。

为了消去 $p_i(-t)$，将 $r_i'(t)$ 与探针信号 $p_i(t)$ 作卷积运算，有

$$r_i(t) = r_i'(t) * p_i(t) \approx s(t) * \delta(t) * \delta(t) + n_i(t) \tag{12.3}$$

式中，$n_i(t)$ 为第 i 通道的噪声干扰项：

$$n_i(t) = n_{i1}(t) * p_i(t) \tag{12.4}$$

每个通道经过各自的时反预处理器后信号为 $r_i(t)$，噪声干扰项为 $n_i(t)$，多通道合并后噪声干扰项为 $n'(t)$，信号为 $s'(t)$，则多通道时反后信号和噪声干扰项的表达式分别为

$$s'(t) = \sum_{i=1}^{n} r_i(t) \tag{12.5}$$

$$n'(t) = \sum_{i=1}^{n} n_i(t) \tag{12.6}$$

从式（12.1）～式（12.6）中可以看出，信号 $s(t)$ 经过的时反信道实际是信道冲激响应的自相关与探针信号的自相关的卷积。当声信道较为复杂且探针信号的自相关峰尖锐时，该信道可以近似为时反信道，$s'(t)$ 可以近似为发送时的信号 $s(t)$。多通道信号经过各自的时反器后合并，不仅对信号进行聚焦消除多径，还原出原始信号，而且在空间上和时间上提高了信号的增益。

12.1.2　直接序列扩频基本原理

直接序列扩频（direct sequence spread spectrum，DSSS），是用高速率的扩频序列在发射端扩展信号的频谱，而在接收端用相同的扩频码序列进行解扩，把展开的扩频信号还原成原来的信号。直接序列扩频方式是直接用伪随机序列对载波进行调制，要传送的数据信息需要经过信道编码后，与伪随机序列进行模 2 和运算生成复合码去调制载波。例如，2DPSK 是利用前后相邻码元的载波相对变化传递数字信息，解调时不需要参考相位，2DPSK 可以解决 PSK 中相位突变问题，在复杂的信道中具有比较好的性能。文献[10]指出，利用 DS-DPSK 直接序列扩频不需要相位跟踪，且具有较高的扩频增益，可以适应多种信道，保证了通信系统的稳健性。

12.1.3　卷积编码及译码

卷积编码是一种性能优越的信道编码方式，通常它更适合向前纠错，其性能优于分组码[11]，通常用 (n,k,N) 表示，把 k 个信息比特编程为 n 个信息比特，但 k 和 n 比较小，特别适用串行传输信息。卷积编码的译码方式一般来说有两大类，即代数译码和概率译码，其中用得比较多的是概率译码中的维特比译码算法。

卷积编码不能检测和纠正长度比较大的连续错误码元，因此需要对连续错误码元进行随机分散，一般分散和重组连续错误码元需要利用交织和解交织技术。

12.2　系统方案

本系统在硬件设计上，采用 AD620 芯片搭建前置放大器对微弱的水声信号进行放大以进行下一步处理；采用 MAX274 芯片搭建滤波器，消除频带外的噪声，保证接收信号的质量，更有利于后端信号处理。

系统的信息处理流程图如图 12.1 所示，首先把要发射的信息经过卷积编码器进行编码，为防止信道突变而产生连续的误码，经过卷积编码器的信息再用交织编码器进行编码，编码后的信息用直接序列扩频方式通过换能器发射到水声信道。

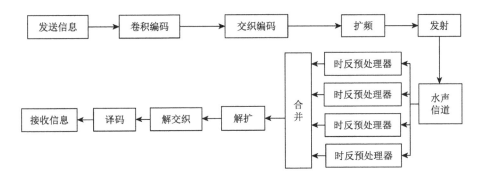

图 12.1　系统的信息处理流程图

在接收端，其处理过程刚好和发送端的相反。从换能器接收到的信号经过放大滤波等前置处理以后，送到各通道相应的时反预处理器，通过同步定位把探针与信号取出并保存，把探针反转，与接收到的信息序列和发射探针作卷积运算；然后把时反后的四个通道的信息序列等增益合并，这样就得到了消除多径的信息序列；最后把这样的信息序列分别进行解扩频、解交织和卷积译码，还原出原始消息。

本系统采用了 DS-DBPSK 调制解调方式，采样率为 96ks/s，载波频率为 15kHz，带宽为 13~18kHz，采用 m 序列扩频，m 序列的长度为 63 位，码元宽度为 15.75ms；探针信号为通过 m 序列扩频得到长度为 23.8ms 的探针序列。通信信号的帧结构如图 12.2 所示。首先是同步序列用于同步，紧接着是保护间隔，然后是探针信号，探针信号以后又是一段保护间隔，最后为信息序列。保护间隔的作用是防止多径把前后的信息序列重叠在一起。

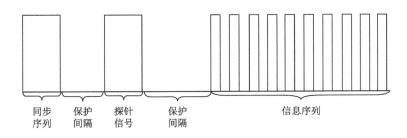

图 12.2　信号帧的设计

在本章技术方案中，用了 (2,1,7) 卷积编码，卷积编码的生成多项式为 (171,133)；解卷积码用维特比硬判决进行译码。同时还用了等差交织和解等差交织技术，交织深度为 7 位。

比起其他抗多径技术，本系统采用了被动时反结合卷积编码技术，在实现上简单，而且可以取得很好的结果。

12.3　实验结果与讨论

为了验证本章技术方案，本节进行了湖试实验。实验水域平均水深约为8m，泥质底。图12.3显示了换能器分布示意图，PS为发射换能器，放置于离水面3m处，SRA为换能器阵列，它们垂直布放，两者之间相距1.5m，最上面一个换能器离水面1m。发射换能器和接收换能器水平距离为 $R=215$m。设接收换能器接收信号的通道从湖面到湖底分别为通道1、通道2、通道3、通道4。

图12.4为实验水域的声速梯度曲线。从图12.4中可以看出，从湖面至水深7m左右，声速变化很小，呈微弱负梯度；在水深7~10m接近湖底处出现较明显的负梯度。

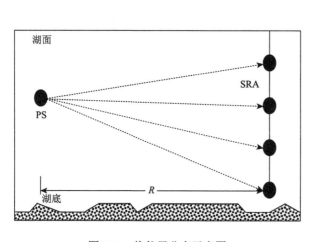

图12.3　换能器分布示意图

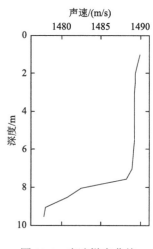

图12.4　声速梯度曲线

图12.5为各个通道的信道冲激响应图。图12.5（a）~（e）分别为通道1、通道2、通道3、通道4和多通道时反后的信道冲激响应归一化图。从图12.5（a）、（b）、（d）中可以看出，通道1、2、4存在较严重的多径干扰，在接收端接收到的信号将会有较严重的码间干扰；图（c）对应的信道多径干扰相对较弱；而图（e）是多通道时反后的信道冲激响应图，信道冲激响应的尖峰比较明显，多径得到了较好的抑制。图12.5表明，多通道时反可以有效地利用空间及时间聚焦效应抑制多径。

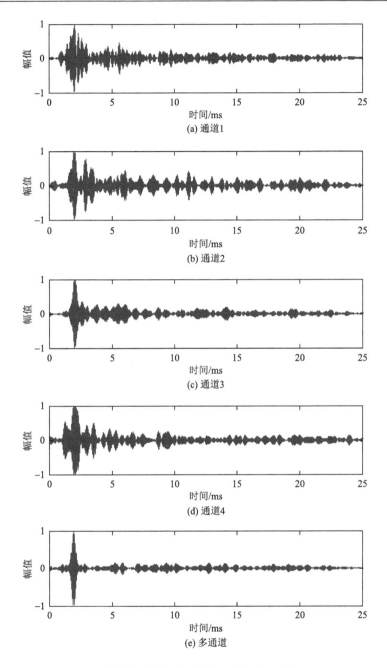

图 12.5　各通道信道冲激响应归一化图

为了测试低信噪比条件下的通信性能，实验中接收信噪比设定为-17～2dB。
图 12.6（a）显示了未采用纠错编码条件下，各通道及多通道合并原始误码率曲线

对比图；图 12.6（b）显示了各通道卷积编码及多通道时反结合卷积编码后误码率曲线对比图。

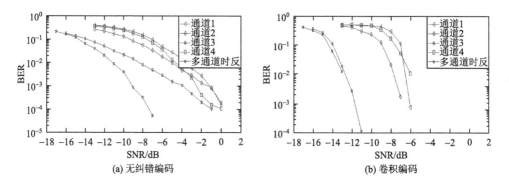

(a) 无纠错编码　　　　　　　　　　　(b) 卷积编码

图 12.6　多通道时反信噪比-误码率曲线

由图 12.6（a）可见，在多通道合并前，由于未采用其他多径抑制手段，实验信道多径干扰对 DS-DBPSK 体制水声通信性能造成明显影响。由于通道 1 的信道结构复杂，有强烈的多径，而通道 3 的多径相对较弱，因此通道 3 的误码率最低，而通道 1 的误码率最高。而采用多通道时反处理后，从图 12.6（a）中可以看出，通信误码率有了明显的下降。从图 12.6（a）中也可以看出，随着信噪比下降，时反处理中探针信号质量下降，携带的信道信息被背景噪声掩盖，因此多通道时反获取的性能增益也呈下降趋势，如在−14dB、−8dB 信噪比下体现在多通道时反和通道 3 的误码率为 0.064、0.106、0.000316、0.00795。

从图 12.6（b）中可以看出，与图 12.6（a）相比，经过多通道时反结合卷积编码后，通信误码率进一步下降。图 12.6 表明，多通道时反在空间上和时间上对信号进行聚焦，有效地抑制了多径，而卷积编码可以纠正由残余多径引起的突发错误。实验中多通道时反结合卷积纠错编码在−11dB 信噪比条件下即可实现零误码，进一步提高了系统在低信噪比条件下的性能。

同时，由于纠错编码的特点，在原始误码率大于 10^{-1} 的条件下，结合图 12.6 可以看出，卷积编码未能取得性能增益，甚至造成性能的恶化，如在通道 1，信噪比为−8dB 条件下，原始误码率为 0.155，而经过卷积编码以后误码率为 0.307。在原始误码率小于 10^{-2} 条件下，多通道时反系统结合纠错编码后取得的性能增益对信噪比下降造成的时反系统探针信号质量下降不敏感，可保持稳定的性能增益，如信噪比在−11dB 以上的时候，多通道时反处理后系统误码率为 0。

在低信噪比条件下，rake 接收机定位多径的性能下降甚至无法检测多径，其利用多径能量获取的性能增益将明显下降。而利用时反获取多径增益则不需要进行多径的检测、定位，可较好地保证低信噪比条件下获取性能增益。

12.4　小　　结

　　针对低信噪比、多径条件下通信系统的性能下降，本章提出结合多通道时反、直接序列扩频和卷积编码的水声通信方法。湖试实验结果表明，低信噪比条件下多通道时反技术结合扩频技术可有效抑制多径，而联合卷积编码可进一步纠正由残余多径引起的突发错误。本章采用多通道时反扩频技术联合卷积编码充分结合多通道时反的时间、空间聚焦能力和扩频增益进行多径抑制，并利用纠错编码纠正突发错误，可显著提高低信噪比、多径条件下系统的通信质量。

参 考 文 献

[1]　陈东升，李霞，方世良，等. 基于多径参数模型和混合优化的时变水声信道跟踪[J]. 东南大学学报（自然科学版），2010，40（3）：23-27.

[2]　曾立，李斌，阎蕊. RAKE 接收在水声通信中的应用[C]. 中国声学学会青年学术会议，济南，2003.

[3]　彭琴，张刚强，童峰. 一种基于直接序列扩频和信道均衡的水声调制解调系统[C]. 中国声学学会青年学术会议，长沙，2009.

[4]　和麟，孙超. 水声相干通信信道均衡实验研究[J].电子与信息学报，2009，31（10）：2374-2377.

[5]　陈东升，童峰，许肖梅. 时反联合信道均衡水声通信系统研究[C]. 中国声学学会水声学分会全国水声学学术会议，西安，2011.

[6]　宫改云，姚文斌，潘翔. 被动时反与自适应均衡相联合的水声通信研究[J]. 声学技术，2016，29（2）：15-20.

[7]　Song H C，Hodgkiss W S，Kuperman W A，et al. Multiuser communications using passive time reversal[J]. IEEE Journal of Oceanic Engineering，2007，32（4）：915-926.

[8]　Edelmann G F，Akal T，Hodgkiss W S，et al. An initial demonstration of underwater acoustic communication using time reversal[J]. IEEE Journal of Oceanic Engineering，2002，27（3）：602-609.

[9]　石鑫，刘家亮. 被动时反镜在水声通信中的应用研究[J]. 电声技术，2010，（4）：63-66.

[10]　王潜，颜国雄，童峰. 一种浅海信道扩频水声调制解调系统及其 DSP 实现[J]. 厦门大学学报（自然科学版），2009，（4）：532-537.

[11]　樊昌信，曹丽娜. 通信原理[M]. 北京：国防工业出版社，2011：349.

第13章 时反 OFDM 水声通信

随着海洋开发、资源勘探、水下作业、国防安全等领域对水下语音传输的需求日益增多，水声语音通信技术研究受到各国的高度重视。由于水声信道具有复杂的时-空-频变特性，传统的单边带或双边带模拟调制技术进行语音通信[1]，难以克服浅海信道中的时变多径和时变多普勒的影响，性能受到严重限制。

由于 OFDM 系统具有抗多径性能较好、频谱利用率高等特点，采用 OFDM 系统传输语音成为水下高速通信的研究热点，如 Sadeghi 等[2]设计的 OFDM 水声语音通信系统，实验结果表明在信道较理想的情况下该系统可以获得不错的性能；黄李海等[3]在 OFDM 系统上采用 LDPC 信道编码和语音压缩 MELP 算法进行水下语音通信；殷敬伟等[4]采用差分 OFDM 结合 MELP 算法和信道编码进行水下语音通信。

由于 OFDM 系统对频率偏移和相位噪声比较敏感，水声信道引入的频率偏移和相位噪声会严重破坏 OFDM 子载波正交性。为了解决这一问题，科研工作者采取了一系列的措施：Wan 等[5]在快速变化的水声信道中采用自适应调制和编码方案，接收端进行 OFDM 信道估计和解码以后通过计算信噪比来改变调制和编码模式；Kibangou 等[6]在 OFDM 系统上设计了新的 OFDM 数据格式用来估计多普勒频移因子和等效信道；冯成旭等[7]则引入多级缓冲机制和判决反馈机制，提出了新型的判决反馈 OFDM 频域均衡算法并进行水池实验验证。但是，在随机时变水声信道中，上述 OFDM 信道估计、载波恢复、均衡算法的性能将受到参数设置、算法收敛特性和信噪比等因素的严重影响。

时频差分 OFDM 技术通过时域、频域的双重差分进行调制解调，从而无须进行信道估计、均衡处理即可克服信道一定程度时、频变化造成的影响，系统复杂度低，适合进行硬件设计实现。但采用时间频率双重差分导致时间、频率利用率下降，影响了通信速率；另外，对于时频差分 OFDM 系统，考虑到水声信道较为严重的多径时延扩展，在 OFDM 符号中如采用长度大于多径时延扩展的循环前缀将进一步降低有效通信速率。

时反技术由于不需要对信道有先验知识而自适应聚焦多径，已在水声通信中得到广泛的研究和应用[8]，在采用多通道时反实现信道多径的时间、空间聚焦后，时频差分 OFDM 系统只需抑制时反聚焦后残余多径的影响，可进一步提高信道适应性能；同时，多径时反聚焦后，OFDM 符号可采用较短的循环前缀以降低时频差分调制对通信速率的影响。

本章介绍采用多通道时反联合时频差分 OFDM 技术进行的水声语音通信系统设计工作，该技术方案采用 2.4kbit/s MELP 语音压缩编码进行语音信号的信源编码[9]，采用卷积编码进行信道编码进一步提高了系统的稳定性。仿真实验和海试实验证明了该方案的有效性。

13.1　原 理 介 绍

13.1.1　时频差分 OFDM

设第 i 个 OFDM 符号上第 m 个子载波上的原始数据符号为 $d_{i,m} = \mathrm{e}^{\mathrm{j}\varphi_{i,m}}$，$m = 0, 2, \cdots, 2N-1$，$\varphi_{i,m} \in \{0, 2\pi\}$，其中 N 为快速傅里叶变换（FFT）点数；经时域差分调制后的数据为 $s_{i,m} = \mathrm{e}^{\mathrm{j}\Delta\phi_{i,m}}$，其中

$$\Delta\phi_{i,m} = \phi_{i,m} + \Delta\phi_{i-1,m} \tag{13.1}$$

进一步进行频域差分，即第 i 个符号第 $m+1$ 个子载波为导频数据：$s_{i,m+1} = \mathrm{e}^{\mathrm{j}\Delta\phi_{i,m+1}} = \mathrm{e}^{-\mathrm{j}\Delta\phi_{i,m}}$，则有

$$\Delta\phi_{i,m+1} = -\Delta\phi_{i,m} = -(\phi_{i,m} + \Delta\phi_{i-1,m}) \tag{13.2}$$

接收端首先进行时域差分解调，提取接收数据信号的相位信息 $\hat{\phi}_{i,n}$ 与前一符号的相位信息 $\hat{\phi}_{i-1,n}$ 相减，然后进行频域解差分，利用导频信号对数据信号进行修正恢复原始数据。

在相邻符号间信道保持稳定、多径对相邻子载波引起相位偏移相同的情况下，时频差分 OFDM 无须进行信道估计、均衡处理，因而系统实现方便，对信道适应性能较好。但在多径扩展及时变均较严重的水声信道条件下，上述前提往往无法满足。

时频差分 OFDM 系统采用差分正交相移键控（differential quadrature phase shift keying，DQPSK）调制后，第 i 个 OFDM 符号经 N 点 IFFT 实现后为

$$x_{i,n} = \sum_{m=0}^{N-1} \mathrm{e}^{\mathrm{j}(\varphi_{i,m} + 2\pi nm/N)}, \quad 0 \leqslant n \leqslant N \tag{13.3}$$

式中，$x_{i,n}$ 表示第 i 帧输出的第 n 个采样值。相应地，第 $i+1$ 帧输出的第 n 个采样值为

$$x_{i+1,n} = \sum_{m=0}^{N-1} \mathrm{e}^{\mathrm{j}((\varphi_{i,k} + \Delta\varphi) + 2\pi nm/N)}, \quad 0 \leqslant n \leqslant N \tag{13.4}$$

发射信号在时变水声信道中传输，受到 L 条散射衰落多径的影响，接收信号为

$$y_{i,n} = \sum_{l=0}^{L-1} h_{i,n,l} x_{i,n-l} + w_{i,n} = h_{i,n,0} x_{i,n} + h_{i,n,1} x_{i,n-1} + \cdots + h_{i,n,L-1} x_{i,n-L+1} + w_{i,n} \quad (13.5)$$

式中，$h_{i,n,l}$ 为第 i 帧第 l 条多径信道的冲激响应；$w_{i,n}$ 为第 i 帧的加性高斯白噪声。
式（13.5）经过 FFT 后为[10]

$$\begin{aligned}
Y_{i,m} &= \sum_{k=0}^{N-1} \sum_{l=0}^{L-1} H_{i,l}^{m-k} e^{j(\varphi_{i,k} - 2\pi lk/N)} + W_{i,n} \\
&= \sum_{l=0}^{L-1} H_{i,l}^{0} e^{j(\varphi_{i,m} - 2\pi lk/N)} + \sum_{k \neq m}^{N-1} \sum_{l=0}^{L-1} H_{i,l}^{m-k} e^{j(\varphi_{i,k} - 2\pi lk/N)} + W_{i,n} S \\
&= \alpha_{i,m} X_{i,m} + \beta_{i,m} + W_{i,m}, \quad 0 \leqslant m \leqslant N-1
\end{aligned} \quad (13.6)$$

式中，$W_{i,m}$ 为 $w_{i,m}$ 的频率响应；$H_{i,l}^{m-k}$ 为时变多径信道 $h_{i,n,l}$ 的频率响应，且

$$H_{i,l}^{m-k} = \frac{1}{N} \sum_{n=0}^{N-1} h_{i,n,l} e^{-j2\pi(m-k)/N} \quad (13.7)$$

$\alpha_{i,m}$ 表示接收信号的乘性畸变；$\beta_{i,m}$ 表示子载波间干扰（inter-carrier interference，ICI）。

13.1.2　采用多通道时反处理的时频差分 OFDM

时反技术具有空时聚焦的特性，在时频 OFDM 系统中首先采用多通道垂直阵时反处理进行多径聚焦，可有效抑制多径。对于 M 通道垂直阵时反系统，假设第 j 个信道的冲激响应为 $h_j(t)$，第 j 个信道接收到的信息信号为

$$s_{jr}(t) = s(t) * h_j(t) + n_j(t) \quad (13.8)$$

经过时反处理器后信号为

$$\begin{aligned}
r_j(t) &= s_{rj}(t) * h_j(-t) = (s(t) * h_j(t) + n_j(t)) * h_j(-t) \\
&= s(t) * h_j(t) * h_j(-t) + n_j(t) * h_j(-t) \\
&= s(t) + n_j(t) * h_j(-t)
\end{aligned} \quad (13.9)$$

将各个通道时反处理后的信号叠加构成多通道时反，叠加后的信号为

$$s'(t) = \sum_{j=1}^{n} r_j(t) \approx s(t) * \left(\sum_{j=1}^{M} h_j(t) * h_j(-t) \right) \quad (13.10)$$

式中，$\sum_{j=1}^{M} h_j(t) * h_j(-t)$ 为垂直阵列各信道响应自相关函数之和，记为 q 函数[11]。
在理想情况下，水声信道的 q 函数可近似为冲激函数，从而实现多径的时空压缩。
时反处理后式（13.5）中 L 条散射衰落多径被显著压缩为 L' 条（$L' \ll L$），因此时

反处理后 OFDM 符号可采用较短的循环前缀长度，从而减轻时频差分 OFDM 系统中时间、频率利用率低造成的通信速率下降。

此时，式（13.6）中 $\alpha_{i,m}$ 代表的乘性畸变以及 $\beta_{i,m}$ 项所代表的 ICI 均被有效抑制。时频差分 OFDM 系统解调时只需对残余多径造成的乘性畸变及 ICI 进行抑制即可恢复数据。因此，结合多通道时反处理和时频差分 OFDM 可提高系统对信道多径的容忍性。

13.2　系　统　方　案

本章将时反技术与时频差分 OFDM 结合起来，并采用 2.4kbit/s 混合激励线性预测低比特率数字语音编码及卷积编码分别进行信源及信道编码，构建水声语音通信系统，系统框图如图 13.1 所示。

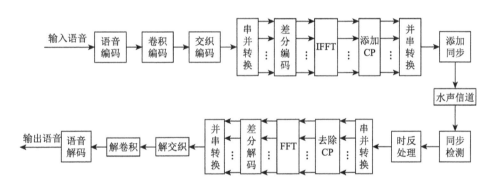

图 13.1　时反差分 OFDM 水声语音通信系统框图

如图 13.1 所示，在调制端，原始输入语音通过 MELP 语音编码器，输出的二进制比特流通信速率为 2.4kbit/s。输出的二进制比特流进行卷积编码和交织编码后，通过串并转换转换为若干个并行的低速率二进制比特流，利用 DQPSK 进行时频差分编码，完成二进制比特信息到频域信号的映射，最后进行 IFFT 运算实现频域信号到时域信号的转换。为了抵抗信道多径造成的码间干扰及子载波间的干扰，对调制后的各帧信号添加循环前缀，由于接收端先进行时反处理聚焦多径，系统可采用较短的循环前缀长度。

在经过并串转换后的串行二进制比特流上添加线性调频（linear frequency modulation，LFM）信号作为同步信号，以便于接收端的多同步头检测，同时 LFM 信号还可以作为时反处理的探针信号。在解调端，同步检测到信号以后，用接收到的探针和本地探针与接收到的信号进行时反处理。

13.3 仿真与实验

13.3.1 仿真设计

为了验证时频差分 OFDM 水声语音通信在时变多径信道下的性能，利用 BELLHOP 模型模拟时变信道进行 MATLAB 仿真实验。仿真中假设海域为开放性海域，海底地形平坦，反射系数为 1；海面平静，反射系数为–1。水域深度 10m，水域中介质均匀，声速恒定为 1500m/s。仿真中发射端采用单个换能器，位于水深 4m 处；接收端采用小尺度的 4 阵元垂直接收阵，各阵元分别位于 2m、4m、6m、8m 深度处。

为模拟信道时变，仿真实验中发射阵元位置保持不变，接收阵元由距发射阵元 500m 处以 10m/s 的速度远离发射阵元匀速移动［图 13.2（a）］。图 13.2（b）为仿真实验的本征声线。记发射节点到接收阵列的信道从海面到海底依次为通道 1、通道 2、通道 3、通道 4。

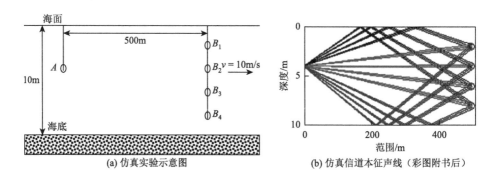

(a) 仿真实验示意图　　　　　　　(b) 仿真信道本征声线（彩图附书后）

图 13.2　仿真实验设计示意图和本征声线

图 13.3 为仿真实验的归一化信道响应，由于接收阵列以 10m/s 的速度远离发射端运动，各通道信道响应表现出了明显的时变现象和多径扩展结构。

13.3.2 仿真实验结果与分析

为了验证时频差分 OFDM 水声语音通信在时变信道下的性能，系统调制解调采用表 13.1 所示参数设置。仿真实验比较了单通道与多通道，时反与未做时反处理，时域差分、频域差分与时频差分对系统性能的影响。

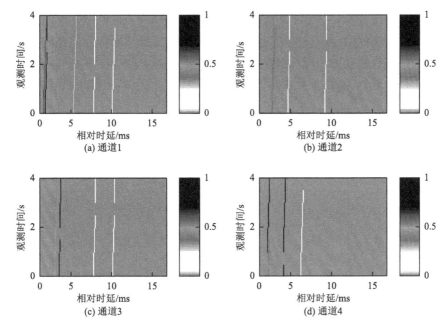

图 13.3　仿真信道归一化冲激响应

表 13.1　仿真实验参数设置

项目	参数
采样率	96ks/s
换能器带宽	13~18kHz
FFT 点数	4096
子载波数	200
循环前缀长度	10.67ms
信道编码	无

图 13.4 给出了三种不同差分方式在不同信噪比下的信噪比-误码率曲线，采用 DQPSK 调制解调方式，不同的信噪比信号由理想信号和高斯白噪声信号叠加而成。对比图 13.4 中通道 1 频域差分 OFDM、时域差分 OFDM 和时频差分 OFDM 对应的曲线可以看出，时变信道条件下，时频差分 OFDM 检测表现出了最优的性能，时域差分 OFDM 检测次之，频域差分 OFDM 检测性能最差，可见时频差分 OFDM 具有更强的抗多径、抗噪声能力。

图 13.4 同时给出了单通道未做时反处理的时频差分 OFDM 与多通道时反的时频差分 OFDM 信噪比-误码率曲线。从图 13.4 中可以看出，在 4~8dB 多通道时反的时频差分 OFDM 系统对应的误码率比单通道未做时反处理的时频差分

OFDM 对应的误码率低。实验结果说明，由于受信道时变、多径及噪声的影响，时反前各通道接收信号解调原始误码严重，采用时反处理后接收信号的干扰得到有效抑制，接收信号的信噪比得到提高，误码率下降。仿真结果表明，采用多通道时反的时频差分 OFDM 可以有效抑制干扰，降低误码率，提高 OFDM 系统的鲁棒性。

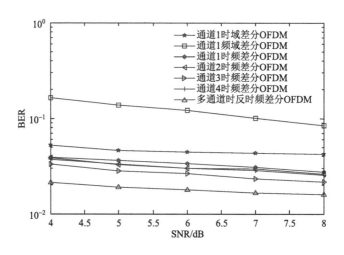

图 13.4　仿真信道下的信噪比–误码率曲线

13.3.3　海试实验设置

为了验证时反时频差分 OFDM 水声语音通信在时变信道下的性能，在厦门某海域进行了实验。图 13.5（a）给出了系统收发布放示意图。图 13.5（a）中，A 为发射换能器，$B_1 \sim B_4$ 为 4 阵元垂直接收阵，换能器之间距离 1.5m。发射换能器 A 布放深度为 5m，接收阵列中 B_1 布放深度为 1.5m，收发换能器之间距离 820m。设接收阵列各阵元接收信号通道从上到下分别为通道 1、通道 2、通道 3、通道 4。海试实验的参数如表 13.1 所示，与仿真实验不同的是，为了进一步降低误码率，海试实验中采用卷积编码作为信道编码，卷积编码的表达式为(2, 1, 7)。

本章海试实验系统的帧同步信号采用长度为 25ms、频率范围为 13～18kHz 的线性调频信号。由于采用时频差分调制和信道编码，实验系统的等效数据通信速率为 1.6kbit/s，低于所采用的语音 MELP 编码速率 2.4kbit/s，因此无法支持实时语音通信。但考虑到水声信道自身具有的传输时延较长，以及实际语音通信应用的有效语音之间存在明显的静声段，本章系统可支持一般应用中准实时水下语音通信。

图 13.5（b）给出了实验海区的声速梯度曲线。实验时天气晴朗，风力较大，

海面受阳光和风力的作用形成了表面混合层；在 4～6m 深度，声速呈现微弱负梯度；在深度大于 6m 后呈微弱正梯度。

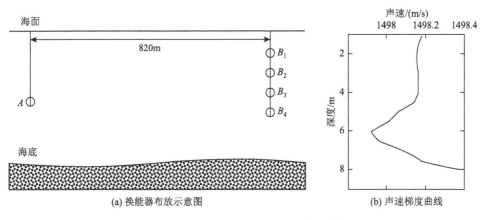

(a) 换能器布放示意图 (b) 声速梯度曲线

图 13.5 换能器布放示意图和声速梯度曲线

13.3.4 海试实验结果

图 13.6 给出了通道 1、通道 3 的连续时间信道冲激响应。从图 13.6 中可以看出，信道冲激响应存在明显多径扩展和时变特性，不同通道的多径结构明显不同。利用单频信号测得的信道引入的多普勒频移约为–2Hz。

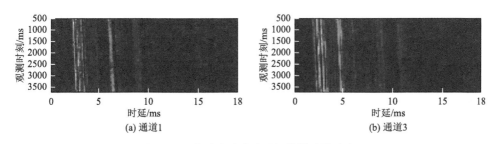

(a) 通道1 (b) 通道3

图 13.6 实验海域连续时间信道冲激响应

对各通道接收信号按原始信噪比（10.28dB）进行解调，结果如表 13.2 所示。从表 13.2 中可以看出，若对接收信号仅进行时域差分检测，由于信道时变多径及多普勒频移的影响，解调误码率较高；而采用时频差分 OFDM 解调各通道误码率明显下降，信道特性较好的通道 4 误码率甚至降低了一个数量级。可见由于时域差分编码在两个相邻的 OFDM 符号间进行，时域差分 OFDM 解调只能应对相邻 OFDM 符号间的畸变，无法处理 OFDM 符号内的畸变，即子载波间的干扰。而时频差分 OFDM 解调的方案由于增加了频域差分参考,在处理时变信道造成的码间干扰(inter-symbol interference,ISI)及 ICI 方面更有优势。

表 13.2　解调误码率　　　　　　　　　　　　　　　(单位:%)

参数		原始误码率		纠错后误码率	
		时域差分 OFDM	时频差分 OFDM	时域差分 OFDM	时频差分 OFDM
时反前	通道 1	31.23	21.71	48.45	40.02
	通道 2	22.32	11.32	43.93	11.87
	通道 3	24.27	13.48	42.03	24.06
	通道 4	19.34	6.59	39.20	2.75
多通道时反		19.56	6.55	36.26	3.70

　　结合时反处理的结果也证明了这一点。对接收各通道信号进行时反处理,然后分别进行时域差分 OFDM 解调及时频差分 OFDM 解调,前者解调误码率为36.26%,后者误码率为 3.70%。对比时反处理前后差分解调的结果,可以看出结合时反处理后,时频差分 OFDM 解调的性能比时域差分 OFDM 解调有更明显的改善,这是因为时反处理使多径得到了聚焦,时频差分调制解调只需抑制残余多径的影响。

　　海试实验中接收端不同解调处理方案得到的语音效果也能反映性能比较结果。时域差分 OFDM 解调对应的系统误码率较高,语音无法解码恢复;时频差分OFDM 解调时反处理前后语音恢复情况如图 13.7~图 13.9 所示。图 13.7 为原始语音,比较图 13.8 和图 13.9 可以看出,通道 3 合成语音有明显的语音缺失,同时引入了能量较高的干扰信号,语音输出不清晰;比较图 13.7 和图 13.9,采用多通道时反后解调合成语音波形与原始语音解码合成语音相差不大,语音输出的清晰度与自然度亦无明显损失。可见,多通道被动时反技术与时频差分 OFDM 通信结合,可以有效抵抗信道一定程度的时变、多径对水声语音通信性能的影响。

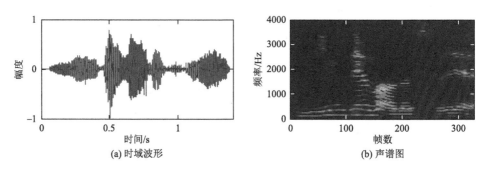

(a) 时域波形　　　　　　　　　　　　　(b) 声谱图

图 13.7　原始语音

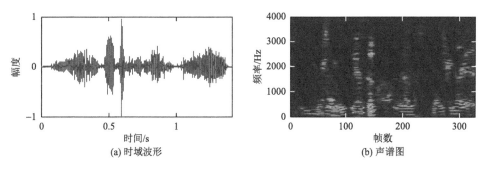

图 13.8　通道 3 时频差分 OFDM 解调后合成语音

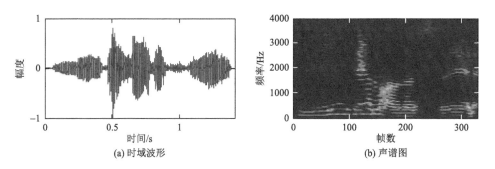

图 13.9　时反结合时频差分 OFDM 解调后合成语音

13.4　小　　结

　　本章将多通道时反与时频差分 OFDM 相结合,利用时反的自适应聚焦特性聚焦多径,结合时频差分 OFDM 调制解调进一步聚焦多径和克服多普勒频移。仿真实验表明,本章方案可提高水声语音通信系统的信道鲁棒性。海试实验结果表明,采用多通道时反的时频差分 OFDM 水声语音通信系统接收语音音质清晰、波形恢复质量较好、语谱信息完整,接近原始语音。仿真实验和海试实验表明,在不采用信道估计和均衡处理的条件下,本章技术方案具有对水声信道一定程度时变多径的抑制能力,可用于水声语音通信系统的低复杂度实现。

参 考 文 献

[1]　Geen M D,Rice J A. Channel-tolerant FH-MFSK acoustic signaling for underwater communications and networks [J]. IEEE Journal of Oceanic Engineering,2000,25(1):28-39.

[2]　Sadeghi S M J,Derakhtian M,Masnadi-Shirazi M A. Design and implementation of an OFDM-based voice transmission system for mobile underwater vehicles[C]. 2012 IEEE Symposium on Computers and Communications (ISCC),Washington,2012:49-52.

[3]　黄李海，胡晓毅，解永军，等. 基于 MELP 的水下实时语音通信机的研究与实现[J]. 电子技术应用，2013，（3）：17-19.

[4]　殷敬伟，王驰，白夜，等. 基于差分正交频分复用的水下语音通信应用研究[J]. 兵工学报，2013，34（5）：591-597.

[5]　Wan L，Zhou H，Xu X，et al. Adaptive modulation and coding for underwater acoustic OFDM[J]. IEEE Journal of Oceanic Engineering，2014，40（2）：327-336.

[6]　Kibangou A Y，Ros L，Siclet C. Doppler estimation and data detection for underwater acoustic ZF-OFDM receiver[C]. 7th International Symposium on Wireless Communication Systems，York，2010：591-595.

[7]　冯成旭，许江湖，罗亚松. 消除冗余循环前缀的水声信道 OFDM 频域均衡算法[J]. 哈尔滨工程大学学报，2014，（4）：482-487.

[8]　周跃海，李芳兰，陈楷，等. 低信噪比条件下时间反转扩频水声通信研究[J]. 电子与信息学报，2012，34（7）：1685-1689.

[9]　郭中源，陈岩，贾宁，等. 水下数字语音通信系统的研究和实现[J]. 声学学报，2008，33（5）：409-418.

[10]　文明. 时变信道 OFDM 水声通信信道均衡技术研究[D]. 哈尔滨：哈尔滨工程大学，2013.

[11]　Song A，Badiey M. Time reversal multiple-input/multiple-output acoustic communication enhanced by parallel interference cancellation[J]. The Journal of the Acoustical Society of America，2012，131（1）：281.

第14章 时反 MFSK 水声通信

多级频移键控（MFSK）通信体制避免了相位跟踪，具有较高的可靠性和潜在的频率分集性能，被认为是工程上水声通信系统克服相位快速波动、频率选择性衰落信道影响的有效选择。因此，MFSK 水声通信系统通常用于相位快速变化的信道条件，如浅海中距离或远距离的水声信道。MFSK 非相干通信体制虽然避免了载波相位跟踪的难题，但是却不能解决多径引起的 ISI，特别是在浅海水平信道中，这种多途干扰特性随时间、空间变化而变化，从而对 MFSK 系统性能造成严重影响。

为了克服 ISI，可采用符号间加入保护间隔的方法，以保证在后一符号到达接收端时前一符号的多径信息结束。但保护间隔的插入明显减少了可用信息的通信速率。另外，由于相干带宽与信道的最大多径时延有关，即 $(\Delta f)_c \approx 1 / T_m$，其中 T_m 为最大多径时延，不产生频率选择性衰落的条件为系统带宽小于 $(\Delta f)_c$，这样进一步降低了系统的效率。为了克服频率选择性衰落、提高系统效率，人们选用编码 MFSK，即多载波调制。这种方法是将带宽分为 N 组，每组用一个 MFSK 调制，这样相邻的连续发送的频率属于不同的编码，在 $M \times N$ 个子信道中，有 N 个频率用来同时并列发送 $N \cdot \log_2 M$ 位的信息，通过信道编解码纠正频率选择性衰落引起的错误[1, 2]。

时间反转镜（time reversal mirror，TRM）的最大优点是可以在没有任何先验知识的情况下具有自适应匹配声信道的作用，包括主动式 TRM（active time reversal mirror，ATRM）[3-5]、被动式 TRM（passive time reversal mirror，PTRM）[6-9]以及虚拟式 TRM（virtual time reversal mirror，VTRM）[10]。作为一种自适应环境匹配处理技术，被动式时反处理因其运算复杂度较低、稳健性较好、系统实现方便而在水声通信系统中得到广泛研究[11-15]。

文献[16]提出了一种虚拟式时间反转镜方法，将接收到的探测信号构造成一前置预处理器，抑制掉信道多途扩展干扰。目前，时反技术的应用主要集中在相干水声通信系统中（PSK、OFDM）。例如，文献[17]提出了将时反技术应用于 OFDM 系统的方案；文献[18]提出了将被动式时反技术应用于扩频水声通信系统的方案。

本章将虚拟式时反技术引入 MFSK 通信系统，并采用下变频处理降低时反运算的复杂度。利用探针更新的信道进行时反处理，从而提供系统对时变信道的适应能力，14.2 节给出了较详细的系统方案设计。最后通过浅海信道海试实验对本章方法进行性能验证及比较分析。

14.1　算　法　介　绍

14.1.1　垂直阵虚拟式时反

对于多通道垂直阵列时反系统，假设第 i 个信道的冲激响应为 $h_i(t)$ ，满足随机性，设第 i 个信道接收到的信号为

$$s_{ir}(t) = s(t) * h_i(t) + n_{is}(t) \tag{14.1}$$

经过时反处理器后信号变为

$$\begin{aligned}
r_i(t) &= s_{ri}(t) * h_i(-t) = (s(t) * h_i(t) + n_i(t)) * h_i(-t) \\
&= s(t) * h_i(t) * h_i(-t) + n_i(t) * h_i(-t) \\
&= s(t) + n_i(t) * h_i(-t)
\end{aligned} \tag{14.2}$$

式中， $h_i(-t)$ 可以通过信道估计算法得到。将各个通道时反处理后的信号叠加构成多通道时反，叠加后的信号为

$$s'(t) = \sum_{i=1}^{n} r_i(t) \tag{14.3}$$

接收信号经过各通道时反处理器后合并，可在时间、空间上进行多径聚焦，提高信号处理增益。

14.1.2　MFSK 解调

采用傅里叶变换方法进行 MFSK 系统解调的过程可描述为

$$\begin{cases}
S(w) = \int s'(t) \cdot \mathrm{e}^{-jwt} \mathrm{d}t \\
I = \arg\max_j \{\mathrm{abs}[S(w_j)]\}, \quad j = 1, 2, \cdots, M
\end{cases} \tag{14.4}$$

式中，abs[·]为绝对值计算符。上述时反及解调过程需要对各通道一个码元内所有采样点数均进行时反处理，运算复杂度高。采用下变频可以减少每个码元的采样点个数，从而显著降低运算量。

14.2　系统技术方案

将 VTRM 应用到 MFSK 通信体制中，实现接收端虚拟式时反和有效降低误码率，并使发送的信号适合于信道传输。

如图 14.1（a）所示，首先，对输入的信息序列进行信道编码，同步头采用线

性扫频序列。每帧信号以同步信号开始，既作为帧同步的依据，也作为时反处理的探针信号。同步信号后为保护间隔。紧接着 T_{ISI} 作为信息码，包含多个码元。然后，对输入序列进行 MFSK 调制，并将调制序列加载到换能器后发射到水声信道中。

图 14.1（b）为接收端对接收信号的处理流程图。在接收端，首先对接收到的信号进行滤波处理，接着对接收信号进行下变频处理，以降低采样率，提高运算效率。然后利用捕获到的同步头作为探针获取信道特性，进而在获取到信道特性的基础上，对各通道时反结果进行合并，从而完成有用信息的空间聚焦。在完成对信道特性的估计后，对信息码进行信道均衡，最后经 MFSK 解调，恢复原始信息。

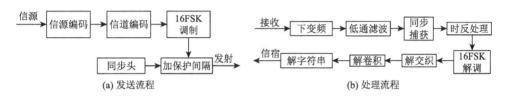

图 14.1　系统原理框图

信息帧结构如图 14.2 所示。

图 14.2　信息帧结构

14.3　实验与讨论

14.3.1　实验设置

本章实验在厦门某海域进行。收发两端距离 1km，湾内平均水深 7m，最深 12m，以泥质地为主。该海域属于极浅信道，湾内人类活动频繁，多航船，噪声级较大，特别是游艇、码头设施等干扰源造成的突发毛刺噪声对通信造成了一定影响。

图 14.3（a）为实验接收阵列的布置示意图。图 14.3（a）中，左侧为发射声源，放置于离水面 2m 处，右侧为垂直布放的接收阵列，此接收阵列由四个接收换能器构成，相邻阵元间的距离为 2m，最上面的接收阵元距离水面 2m，接收阵

列和声源之间的距离为 1000m。水面到水底接收阵列所在的信道分别为通道 1、通道 2、通道 3 和通道 4。试验海区声速梯度曲线如图 14.3（b）所示。

本实验采用 MFSK 作为系统的通信体制，选取 $M=16$。通信系统工作频带为 13～18kHz，收发换能器皆无指向性。信息码元宽度为 13.65ms，符号速率为 73.24bit/s，比特率为 292.97bit/s；接收信号原始采样率为 75ks/s。下变频处理的中频信号为 12.012kHz，接收信号经过下变频处理后，采样率降为 18.75ks/s。

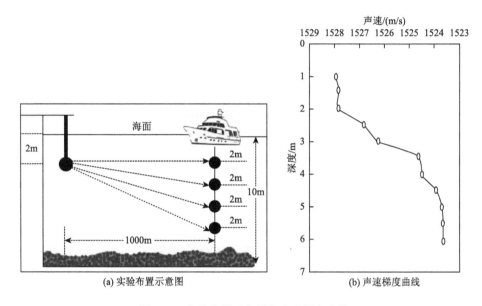

图 14.3   实验布置示意图和声速梯度曲线

图 14.4 为采用扫频测量法得出的实际信道在四个通道中的冲激响应图。从图 14.4 中可以看出，在信道中明显存在一个延迟 24ms 的多径信号。

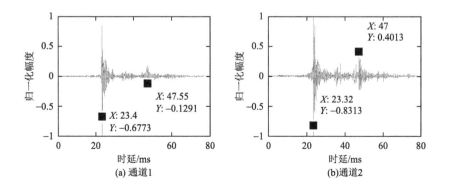

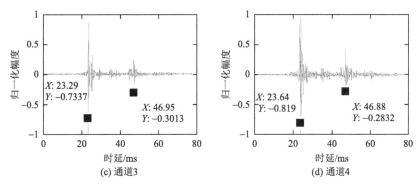

图 14.4　各通道信道冲激响应图

14.3.2　实验结果与讨论

图 14.5 给出了采用时反处理以及纠错编码前后的误比特率对比。由于在采用时反并纠错时，11 帧数据的误比特率皆为 0，在取对数的误比特率坐标轴上并不能直观地显示出来。以第 4 帧数据为例，未采用时反算法且不对信道进行纠错编码时误比特率为 0.1938；采用时反后误比特率为 0.0103；进一步经过纠错编码后误比特率为 0。从图 14.5 中还可以看出，系统在未采用时反算法时，信道纠错编码在一定程度上提升了通信质量，但由于多径分量的存在，提升幅度并不是太大。在采用时反算法但不对信道进行纠错编码时，误比特率显著下降，达到了一个数量级的幅度。在对信道进行纠错编码后，实现了无误码传输。对比时反处理以及纠错编码的加入，由于时反处理使信道多径得到聚焦，极大地改善了通信性能，11 帧数据误比特率全为 0 说明了这种方法对于抵抗信道多径效应的稳健性。

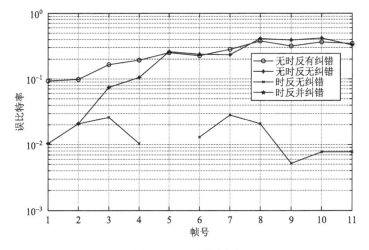

图 14.5　误比特率图

为了验证基于探针更新的时反处理性能，本章还比较了有无探针更新的时反处理后纠错编码对系统性能的影响。探针更新指的是每帧数据都要以本帧的同步头作为探针获取信道特性，抛弃前一帧数据所获得的信道特性。不更新是指其余各帧都以第一帧的同步头获取的信道特性作为参考。图 14.6 给出了时反后有无探针更新和有无纠错编码处理的误比特率比较曲线图。从图 14.6 中可以看出，受信道时变特性及环境噪声的影响，在进行无探针更新时反处理时的误比特率相较于探针更新时反处理的误比特率要高得多。例如，第 8 帧的数据，在无纠错编码的情况下，无探针更新的误比特率为 0.06202，探针更新后为 0.02067；在采用纠错编码后，无探针更新的误比特率为 0.002604，探针更新后为 0。同样地，探针更新并结合纠错编码后 11 帧数据误比特率全为 0，在取对数刻度的误比特率坐标轴上无法显示。由此可见，由于探针无更新，时反探针所携带的信道信息不能完全匹配实际的时变信道信息，造成了时反聚焦性能的下降。而将探针更新后，通信质量得到了明显的改善。

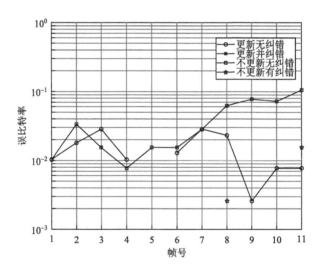

图 14.6　探针更新前后误比特率曲线

14.4　小　结

虚拟式时反技术应用于 MFSK 通信体制时，多通道的空间聚焦性可以较好地抑制码间干扰，极大地降低多途效应对通信系统所造成的通信误比特率。本章将虚拟式时反技术应用于 MFSK 接收端，并进行了海试实验。实验结果表明，这种方式较好地解决了码间干扰对系统性能的影响，实现了无误码传输，而且在对接收信号进行下变频处理后，降低了计算复杂度。

参 考 文 献

[1]　Stojanovic M. Underwater acoustic communications[C]. Electro/95 International Professional Program，New York，1995.

[2]　Coates R. Underwater acoustic communications[C]. OCEANS'93. Engineering in Harmony with Ocean，Victoria，1993：420-425.

[3]　Edelmann G F，Akal T，Hodgkiss W S，et al. An initial demonstration of underwater acoustic communication using time reversal[J]. IEEE Journal of Oceanic Engineering，2002，27（3）：602-609.

[4]　Stojanovic M. Retrofocusing techniques for high rate acoustic communications[J]. The Journal of the Acoustical Society of America，2005，117（3）：1173-1185.

[5]　陆铭慧，张碧星，汪承灏. 时间反转法在水下通信中的应用[J]. 声学学报，2005，（4）：349-354.

[6]　Rouseff D，Jackson D R，Fox W L J，et al. Underwater acoustic communication by passive-phase conjugation：Theory and experimental results[J]. IEEE Journal of Oceanic Engineering，2001，26（4）：821-831.

[7]　Yang T C. Temporal resolutions of time-reversal and passive-phase conjugation for underwater acoustic communications[J]. IEEE Journal of Oceanic Engineering，2003，28（2）：229-245.

[8]　殷敬伟，惠娟，惠俊英，等.无源时间反转镜在水声通信中的应用[J].声学学报，2007，32（4）：362-368.

[9]　Hursky P，Porter M B，Siderius M，et al. Point-to-point underwater acoustic communications using spread-spectrum passive phase conjugation[J]. The Journal of the Acoustical Society of America，2006，120（1）：247-257.

[10]　殷敬伟，惠俊英，王燕，等.虚拟时间反转镜 Pattern 时延差编码水声通信[J].系统仿真学报，2007，19（17）：4033-4036.

[11]　张碧星，陆铭慧，汪承灏. 用时间反转在水下波导介质中实现自适应聚焦的研究[J]. 声学学报，2002，27（6）：541-548.

[12]　Zhang G，Dong H. Underwater communications in time-varying sparse channels using passive-phase conjugation[J]. Applied Acoustics，2013，74（3）：421-424.

[13]　Song A，Badiey M，Song H C，et al. Impact of ocean variability on coherent underwater acoustic communications during the Kauai experiment（KauaiEx）[J]. The Journal of the Acoustical Society of America，2008，123（2）：856-865.

[14]　Yang T C，Yang W B. Performance analysis of direct-sequence spread-spectrum underwater acoustic communications with low signal-to-noise-ratio input signals[J]. The Journal of the Acoustical Society of America，2008，123（2）：842-855.

[15]　张涵，孙炳文，郭圣明. 浅海环境中的时间反转多用户水声通信[J]. 应用声学，2009，（3）：214-219.

[16]　Silva A J，Jesus S M. Underwater communications using virtual time reversal in a variable geometry channel[C]. OCEANS 2002，Biloxi，2002：2416-2421.

[17]　Gomes J，Barroso V. Time-reversed OFDM communication in underwater channels[C]. IEEE 5th Workshop on Signal Processing Advances in Wireless Communications，Lisbon，2004：626-630.

[18]　Zhou Y，Tong F，Zeng K，et al. Selective time reversal receiver for shallow water acoustic MIMO communications[C]. OCEANS 2014，Taibei，2014：1-6.

第15章　混合优化水声信道估计

我国近海海域大都属于水深浅于 200m 的浅海，多径十分严重和复杂，导致信号幅度衰落及码间干扰[1]。浅海多径水声信道多径时延扩展长，信道响应中权值相对较大的抽头少（本章中称为有效抽头），具有典型的稀疏分布特性，同时信道的时间稳定性差，具有典型的非平稳特性，使得实现准确、高效的信道估计与跟踪极具挑战性。

基于横向抽头滤波器模型的传统信道跟踪方法每次迭代需对所有信道系数进行寻优操作，在多径时延扩展大、强烈时变情况下算法计算量大、收敛速度慢、效率低；同时，输入信号为有色时由于滤波器相邻抽头互相耦合作用将引起性能急剧下降[1-3]。利用信道的稀疏分布特性只对多径对应的有效抽头进行跟踪可减小算法的运算量、降低运算过程存储要求从而提高信道跟踪性能，但在时变信道条件下，如何确保有效抽头的准确检测是这类算法的关键问题。

第4章提出一种基于参数信道模型和进化优化算法的水声信道估计方法[4,5]，信道跟踪问题转变为直接对多径参数模型进行寻优操作，从而减小运算量、提高估计效率。此时模型解的搜索过程是一个非线性寻优问题，采用梯度算法等传统寻优算法无法保证估计性能。进化规划（evolutionary programming，EP）是一种模拟生物进化原理的全局搜索算法，其主要特点是不依赖梯度信息，因此特别适用于处理传统搜索方法难以解决的不连续和非线性等复杂问题[6,7]。但是，对时间稳定性差的水声多径信道，多径参数模型的非线性寻优将变得更加复杂，此时对模型中所有参数都采用 EP 算法不仅效果不佳，而且导致巨大的运算量。在第3章和第4章工作的基础上，本章提出分别采用 EP 算法和 LMS 算法组合进行混合优化，改善时变水声多径信道的跟踪性能，并通过仿真实验及海试实验验证本章算法的有效性。

15.1　混合优化水声信道估计算法

15.1.1　多径参数模型

通过多径参数模型描述水声信道多径特性将多径稀疏分布特点条件下的时变信道冲激响应建模为由各多径分量的时延、幅值组成的多径参数空间，如图 15.1

所示，图中信道多径由 2 个离散多径组成，则信道可建模为多径参数组成的参数空间 $[w_j, k_j]_{j=1,2}$，其中，多径 1 的到达时间为 k_1，幅度为 w_1，多径 2 的到达时间为 k_2，幅度为 w_2。与传统的基于有限冲激响应（FIR）滤波器的横向抽头信道模型相比，利用多径参数模型进行水声多径信道建模可显著降低模型寻优对象的维数。

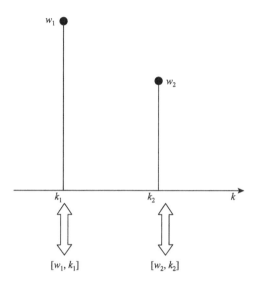

图 15.1　多径参数模型示意图

对于横向 FIR 结构的多径 L 阶信道冲激响应 $W = [w_1, w_2, \cdots, w_L]$，若其中只包含 M 个 $(M \ll L)$ 幅值分别为 $w_{k_1}, w_{k_2}, \cdots, w_{k_M}$ 的有效抽头，其余抽头幅值为零，则对应的多径参数信道模型可写为

$$W_{at} = [k_1, k_2, \cdots, k_M, w_{k_1}, w_{k_2}, \cdots, w_{k_M}] \tag{15.1}$$

式中，前 M 项为有效抽头时延；后 M 项为有效抽头的幅值。可见有效抽头滤波器的阶数 $2M$ 远低于原 FIR 结构滤波器的阶数 L。则在 k 时刻该滤波器对输入信号向量 $\boldsymbol{S}_k$ 的响应可写为

$$Y_i = H(\boldsymbol{S}_i) = \sum_{j=1}^{M} \boldsymbol{S}_{i+k_j} w_{k_j} \tag{15.2}$$

此时，信道估计问题从对 L 阶横向滤波器系数的调整变为对 $2M$ 阶多径参数模型的寻优，显著降低了算法的复杂度。但在多径参数模型空间进行模型解的寻优是一个非线性方程，其最小二乘性能超曲面是多峰的，因此文献[3]中采用进化算法进行基于多径参数模型寻优。

由式（15.2）可知，在多径参数模型这一非线性方程中，输入信号向量 $\boldsymbol{S}_k$ 产生的响应 Y_k 与多径时延参数 k_j 之间具有非线性关系，而与多径幅度参数 w_{k_j} 则呈

线性关系，因此，本章在时变信道跟踪中将多径参数模型的寻优分为两个部分采用不同算法进行混合寻优：采用 EP 算法进行多径时延参数的寻优，采用 LMS 算法进行 M 阶多径幅度参数的寻优。

15.1.2　混合优化算法

混合优化算法中模型的多径时延参数和多径幅度参数分别采用两种寻优方法进行估计。对于多径时延参数，采用 EP 算法对代表位置信息的时延部分以正整数编码定义 $\hat{k}_i \in [1, L](i = 1, 2, \cdots, M)$，所得 $\{\hat{k}_1, \hat{k}_2, \cdots, \hat{k}_M\}$ 为时延系数的基因编码；对模型的多径幅度参数部分直接采用实数，以实数编码定义 $\hat{w}_i(i = 1, 2, \cdots, M)$，所得 $\{\hat{w}_1, \hat{w}_2, \cdots, \hat{w}_M\}$ 即为幅度系数的基因编码，在文献[3]中幅度参数同样进行 EP，而在本章算法中幅度参数初始化后只用于辅助进行时延参数的 EP，其本身不进行进化操作。定义个体适应度函数为

$$
\begin{aligned}
\text{fitness} &= \sum_{i=1}^{V} (d(i) - H(\boldsymbol{S}_i))^2 \\
&= \sum_{i=1}^{V} \left(d(i) - \sum_{j=1}^{M} \boldsymbol{S}_{i+k_j} \hat{w}_{k_j} \right)^2
\end{aligned}
\tag{15.3}
$$

式中，V 为观测窗长度；$d(i)$ 为信道实际输出信号。多径参数模型进化寻优的步骤如下：

（1）种群初始化，根据信道估计所得初始多径时延、幅度参数设定 μ 个个体作为第一代。

（2）计算每个个体的适应度。

（3）对 μ 个父代系数的 M 阶时延进行变异操作产生 μ 个子代。

（4）从 μ 个父代和 μ 个子代中应用 q 竞争法则选择 μ 个个体作为下一代时延参数进化的群体，同时从这 μ 个个体中选择适应度函数最小的最优子代 $\{\hat{k}_1, \hat{k}_2, \cdots, \hat{k}_M\}$ 用于多径幅度参数优化。

（5）按照 MMSE 准则通过 LMS 算法[8, 9]实时调整最优子代多径参数模型中当前最优时延参数 $\{\hat{k}_1, \hat{k}_2, \cdots, \hat{k}_M\}$ 对应的 M 阶幅度参数 w_{k_j}：

$$
\begin{aligned}
&w_{k_j, i+1} = w_{k_j, i} + 2\lambda e_i \boldsymbol{S}_i \\
&i = 1, 2, \cdots, V \\
&j = 1, 2, \cdots, M
\end{aligned}
\tag{15.4}
$$

$$
e_i = d(i) - \sum_{j=1}^{M} \boldsymbol{S}_{i+k_j} w_{k_j, i}
\tag{15.5}
$$

$$S_i = S(i + k_j, i + k_{j-1}, \cdots, i + k_1) \tag{15.6}$$

式中，λ 为步长因子。

（6）检验终止条件，不满足则转到步骤（2）重复执行，满足则结束。

15.2　实　验　结　果

15.2.1　仿真实验结果

为了比较本章的混合优化算法和单纯采用 EP 多径时延与幅度参数的时变信道跟踪算法（以下称为 EV 算法）的性能，进行仿真时变信道跟踪实验。实验中通过 MATLAB 随机产生零均值、高斯分布的数字信号序列作为输入信号，信号码元间距 $T_s = 0.1\text{ms}$，背景噪声为零均值高斯白噪声，输入信噪比为 25dB。采用的两径时变水声信道初始多径时延值为 $15T_s$、$103T_s$，相应的幅值分别为 0.83 和−0.75，两径参数分别采用不同的时变特性以仿真浅海水声信道中经过直达或海底反射路径的相对稳定多径，以及经过海面反射的强烈时变多径形成的多径传输[10]，其中，第 1 径为直达或海底反射多径，其时延及幅度均固定不变，第 2 径为海面反射多径，其时延及幅度以正弦函数变化，变化周期及幅度分别如图 15.2、图 15.3 中真实值曲线所示。

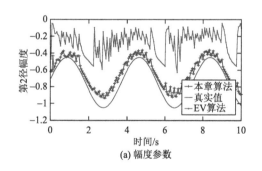
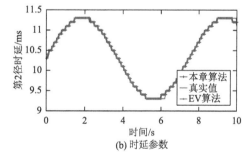

图 15.2　算法对第 2 径参数的跟踪情况（彩图附书后）

在本章的信道跟踪算法中设定用于时延参数优化的进化种群数为 $\mu = 300$，观测窗长 $V = 500$，信道多径阶数 $M = 2$；用于幅度参数优化的 LMS 算法步长因子 λ 设定为 0.002。为了比较本章算法的性能，用 EV 算法进行同样的时变信道跟踪，进化种群数为 $\mu = 300$，观测窗长 $V = 500$，信道多径阶数 $M = 2$。

图 15.2（a）、（b）分别给出了两种算法对时变第 2 径的幅度参数和时延参数跟踪情况。从图 15.2（a）可以看出，在时变情况下模型两径幅度参数收敛速度不一致会导致瞬态跟踪误差，但总体上本章混合算法的跟踪速度及精度均优于 EV 算法。

由图 15.2（b）可知，两种算法对时延变化的跟踪效果较好。图 15.3（a）、（b）则分别给出了两种算法对时不变的第 1 径幅度参数和时延参数的估计情况。从图 15.3（a）中可以看出，本章算法对第 1 径幅度参数的估计精度明显优于 EV 算法，由图 15.3（b）可知，两种算法对时不变的第 1 径时延参数都有较好的估计效果。

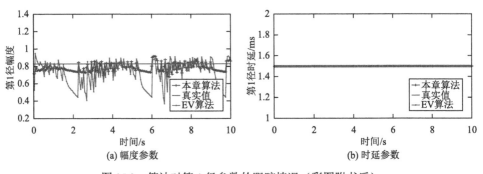

图 15.3　算法对第 1 径参数的跟踪情况（彩图附书后）

15.2.2　海试信道实验结果

海试信道为厦门某海域浅海水声信道，信道平均水深约 20m，收发距离 7km；采用频率为 4～7kHz、脉宽 10ms 的 LFM 信号通过匹配滤波获取信道的时变响应，接收信号采样率为 44.1ks/s。海试中获取的信道多径时变响应中主要两径的时延参数及幅度参数（图 15.4）用于进行本章算法及 EV 算法的性能验证及比较。

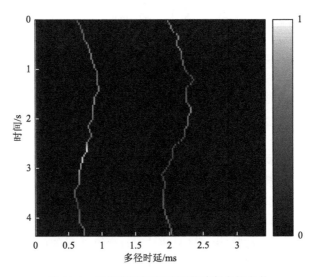

图 15.4　厦门某海域海试信道时变多径参数

在海试信道跟踪实验中，设定本章算法及 EV 算法用于时延参数优化的进化种群数为 $\mu = 750$，观测窗长 $V = 500$，信道多径阶数 $M = 2$；本章算法用于幅度参数优化的 LMS 算法步长因子 λ 设定为 0.002。实验中采用零均值、高斯分布的输入信号，信号码元间距 $T_s = 0.1\text{ms}$，背景噪声为零均值高斯白噪声，输入信噪比为 20dB。

从图 15.5（b）、图 15.6（b）给出的海试信道两径时延参数跟踪结果可以看出，本章算法和 EV 算法都具有较好的多径时延跟踪性能，EV 算法下时延跟踪偶尔出现较明显的瞬时误差；图 15.5（a）、图 15.6（a）则给出了海试信道两径幅度参数的跟踪结果比较，需要指出，图 15.5（a）、图 15.6（a）中也可观察到采用混合优化算法跟踪过程中两径幅度参数收敛速度不一致导致的瞬态跟踪误差，但由于采用混合优化算法减轻了非线性寻优的复杂度，在跟踪速度及跟踪精度上本章算法仍然具有优于 EV 算法的多径幅度参数跟踪性能。

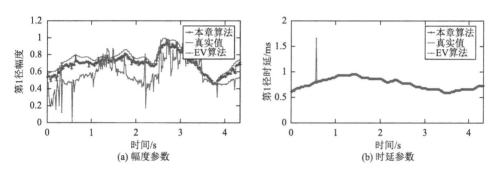

图 15.5　算法对海试信道第 1 径参数的跟踪情况（彩图附书后）

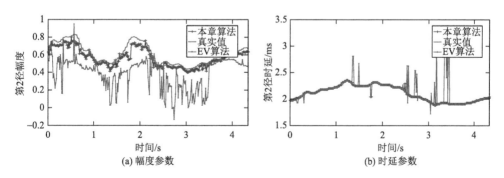

图 15.6　算法对海试信道第 2 径参数的跟踪情况（彩图附书后）

15.3　小　　结

对于多径水声信道，多径参数模型的引入提供了利用信道稀疏特性的一种新的处理方法，特别是可以利用具有良好全局优化能力的 EP 算法进行模型的寻优，但该算法用于时变多径信道跟踪时性能降低，特别是对幅度参数的估计性能产生严重影响。基于此，本章提出了结合进化优化和 LMS 算法进行多径参数模型不同参数的寻优，新算法利用 LMS 算法来减轻 EP 算法的全局优化负担，从而通过算法的混合改善在时变信道条件下算法的跟踪性能。仿真实验及海试实验的实验结果说明了本章混合优化算法具有更优越的时变多径信道跟踪性能。

参 考 文 献

[1] Homer J，Mareels I，Bitmead R R，et al. LMS estimation via structural detection[J]. IEEE Transactions on Signal Processing，1998，46（10）：2651-2663.

[2] Homer J. Detection guided NLMS estimation of sparsely parametrized channels[J]. IEEE Transactions on Circuits and Systems II：Analog and Digital Signal Processing，2000，47（12）：1437-1442.

[3] 童峰，许肖梅，方世良. 基于有效抽头和进化规划算法的自适应水声信道估计[J]. 声学技术，2007，26（2）：301-306.

[4] 董斌，王匡. 活动抽头均衡器的原理和实现[J]. 电子学报，2002，30（8）：1196-1199.

[5] 童峰，许肖梅，方世良.一种单频水声信道多径时延估计算法[J]. 声学学报，2008，33（1）：62-68.

[6] Fogel D B. Evolutionary Computation-Principles and Practice for Signal Processing[M]. Washington：SPIE Press，2000.

[7] 陈国良. 遗传算法及其应用[M]. 北京：人民邮电出版社，1996.

[8] Farhang-Boroujeny B. Adaptive Filters-Theory and Applications[M]. New York：John Wiley & Sons，1998.

[9] 张刚强，童峰. 基于 LMS/SOLMS 算法的时变多径水声信道估计方法[J]. 应用声学，2008，27（3）：212-216.

[10] Li W C，Preisig J C. Estimation of rapidly time-varying sparse channels[J]. IEEE Journal of Oceanic Engineering，2007，32（4）：927-939.

索　引

彩　　图

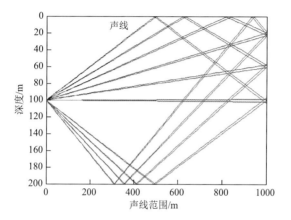

图 3.4　BELLHOP 模型中 3 个不同接收深度对应的声线

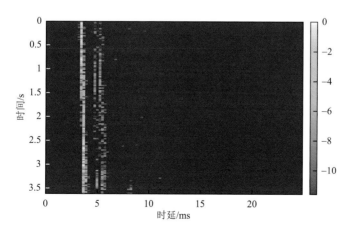

图 6.5　实验水声信道的时变响应

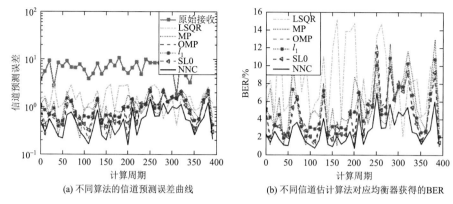

(a) 不同算法的信道预测误差曲线　　　　(b) 不同信道估计算法对应均衡器获得的BER

图 6.7　信道估计算法的信道预测误差及对应均衡器 BER 曲线

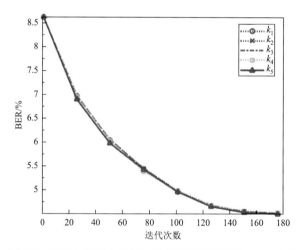

图 6.9　不同 k 值下本章算法对应均衡器获得的 BER 曲线

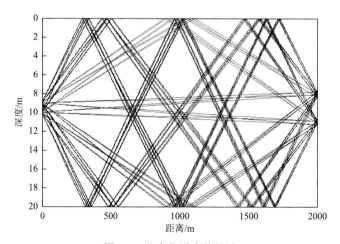

图 9.1　仿真信道声线轨迹

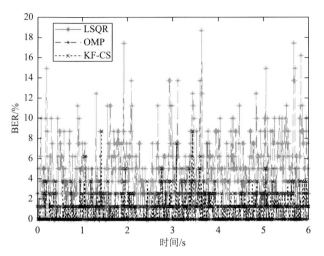

图 11.6　不同信道估计算法下对应的 CE-DFE 输出的 BER 结果图

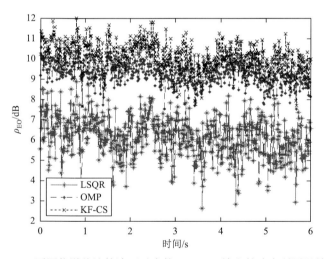

图 11.7　不同信道估计算法下对应的 CE-DFE 输出的残余预测误差图

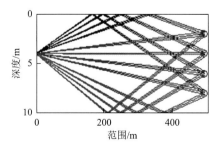

图 13.2（b）　仿真信道本征声线

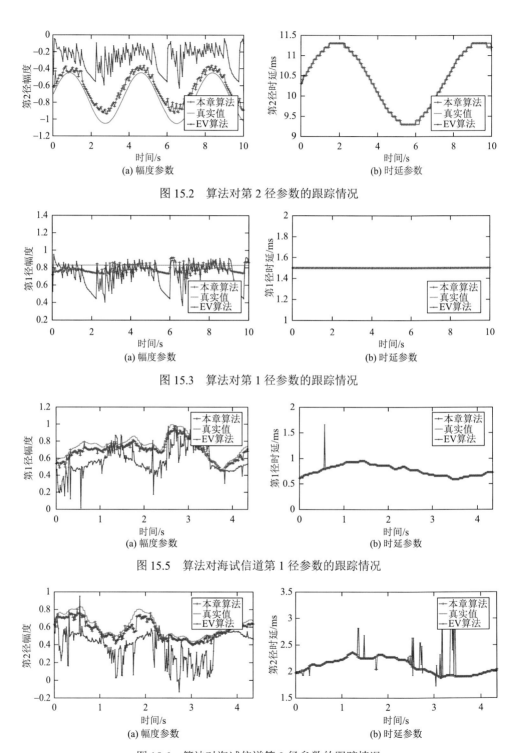

图 15.2　算法对第 2 径参数的跟踪情况

图 15.3　算法对第 1 径参数的跟踪情况

图 15.5　算法对海试信道第 1 径参数的跟踪情况

图 15.6　算法对海试信道第 2 径参数的跟踪情况